►很多人认为与他人界限不明是一件好事，因为这样大家可以相处得更自由，更随心所欲，可他们并没有意识到，这样一来，即使别人经常伤害他们的感情，他们也察觉不到。事实上，划定清晰的界限对人对己都有好处。你必须明白别人可以对你做什么，不可以对你做什么，这样，当别人侵犯了你的心理界限时，你才能敏锐地觉察到，并告诉他改正。如果你始终无法划清心理界限，那么，你的认知水平就亟待提高。

▶高情商的人，永远不会犯将完美奉为最终目标的错误，原因在于，他们清楚，真正的完美是不存在的。没有人不会犯错，如果你把完美当成自己的计划目标，那么，你就要一直品尝失败的痛苦，永远不会为自己所做的事感到快乐，永远不能放下过去勇往直前，这会浪费你很多宝贵的时间。

▶如果你想跟别人建立关系，那么，第一件事就是要学会"等价交换"，这包含两个要点：其一，确定自我的价值。如果你自认没有价值，自然就不能为别人提供价值，也就无法与别人进行交换；其二，学会保护自己。你要向别人展现自我，但不能是毫无保留的、全部的自我。你要学会建立边界，不要随意将边界内的东西呈现给陌生人。如果你不愿意付出，或是展示的方式不对，那么，你的人际交往就很可能会出现问题。

▶在人际关系中，保持适度的敏感性是有益无害的。这里的敏感性指的是能敏锐察觉别人内心感受的能力，拥有这种敏感性的人通常有同理心，知道分寸，他们能准确把握人际关系的临界点，知道保持什么样的距离才让会对方感到更舒服。在人际交往中，能洞察对方的言外之意，不给别人添麻烦，才是一个心智成熟的人的交际标配。

▶每个人都渴望成为一个有魅力的人，而要如何成为一个有魅力的人？答案其实很简单，那就是好好书写自己的人生故事：不要随波逐流、不要人云亦云，坚持自我，遵从自己内心的选择。即使成为一匹特立独行的狼，也不要变成一只缩在羊群里，看上去和别人一模一样的羊。因为，只有独特了，你才能吸引别人，只有接纳自己，你才会变得更有魅力。

▶在人们眼中，擅长交往是一种能力，但事实上，从某种意义上来说，善于独处是比擅长交往更重要的一种能力。善于独处的能力并非人人都能具备，而具备了这种能力也并不意味着不再感到寂寞，而是安于寂寞并有所感悟。善于独处的人会让寂寞变成一片蕴藏诗意的土壤，一次激发创造的契机，他们会在寂寞中独自思考，并得出关于生命与自我的全新诠释与体验。

凭什么让人喜欢你

解读各种情商问题以及如何提高情商

刘莹莹 著

台海出版社

图书在版编目（CIP）数据

凭什么让人喜欢你 / 刘莹莹著. –– 北京：台海出版社, 2018.3

ISBN 978-7-5168-1750-6

Ⅰ. ①凭… Ⅱ. ①刘… Ⅲ. ①情商—通俗读物 Ⅳ. ①B842.6-49

中国版本图书馆CIP数据核字（2018）第010150号

凭什么让人喜欢你

著　　者：刘莹莹	
责任编辑：俞滟荣　曹任云	装帧设计：MM末未美书
版式设计：阎万霞	责任印制：蔡　旭

出版发行：台海出版社

地　　址：北京市东城区景山东街20号　邮政编码：100009

电　　话：010—64041652（发行，邮购）

传　　真：010—84045799（总编室）

网　　址：www.taimeng.org.cn/thcbs/default.htm

E – mail：thcbs@126.com

经　　销：全国各地新华书店

印　　刷：保定市西城胶印有限公司

本书如有破损、缺页、装订错误，请与本社联系调换

开　　本：150×210　1/32

字　　数：105千字　　　　　　　印　　张：7

版　　次：2018年4月第1版　　　印　　次：2018年4月第1次印刷

书　　号：ISBN 978-7-5168-1750-6

定　　价：32.00元

序言　有了高情商，你也能变成"万人迷"！

　　生活中总有这样一种人：他们总是朋友很多，在任何场合都如鱼得水，无论走到哪里都散发着光芒，无论何时都很受欢迎，他们就像"万人迷"一样充满了让人想要与他们交流的欲望。他们也许长得并不漂亮，也许也没有耀眼的身份、地位，但他们身上一定都有一个明显的特征，那就是——情商高。

　　如果你留心观察就会发现，情商高的人通常给人的感觉都比较通情达理，并且善解人意，与他们一起相处，会让人感到无比的舒服。而你，却无论怎样努力，都做不到这一点。你的朋友总是少得可怜，你总是控制不住自己的情绪，你总是很敏感，容易被伤害……别担心，其实情商是可以通过自己的练习，逐步提高的。而在此之前，我们要先来了解一下，什么是情商。

情商（Emotional Quotient），通常是指情绪商数，简称EQ，主要是指人在情绪、意志、耐受挫折等方面的品质。自从心理学家戈尔曼1995年出版《情绪智力》一书后，情商这一概念就正式被人们熟知。

总的来说，情商包括五个方面的能力，即：自我意识能力、控制情绪能力、自我激励能力、认知他人情绪和处理相互关系的能力。

而情商高的人在上面介绍的五种能力中的得分水平都普遍较高，因此在与人相处的过程中，往往能够识别他人的情绪，并且也能很好地控制自己的情绪。这无形中不仅增加了他们办事的效率，也加强了他们的人际交往能力。

也许你会说：虽然我情商不高，但是智商高，所以也可以凭自己的高智商去处理生活中的所有事情，这种想法其实是很片面的。

戈尔曼经研究发现，一个人的成功与他的智商水平有很大关系，但更为重要的是情商水平。他通过对全美前500大企业员工所做的调查发现，不论产业类别是什么，对于工作成就而言，情商对一个人的影响都比智商大得多。李开复曾说："在任何领域，情商的重要性都是智商的两倍。"

对于情商与智商的区别，举个简单的例子，就是智商只会告诉我们你会不会爬山，而情商却会告诉我们你能不能愉快地爬山。当你提高了自己的情商后，你会发现不仅自己的工作做起来更加得心应手、顺手，在处理人际关系时也更加如鱼得水，生活中的乐趣似乎也越来越多，总之，自己的生活、家庭、事业都在逐步上升。

也许听到这里，你还是不太明白，自己是否属于情商低的人，或者说情商低具体有哪些表现，以及应该如何提高自己的情商，等等。

别着急，打开这本书，静静地阅读书里的内容，你想要的答案就藏在书里。相信你读完此书后，会豁然开朗，感到有所收获。只要你肯努力，一定也能提高自己的情商水平，成为一个人人喜欢的"万人迷"！

目　录

Contents

Contents

Contents

第一章

关于情商，你了解多少？

1."智商"与"情商"，哪个更重要?

　　智商和情商，这两个词在生活中常常被我们提到。一个人聪明，成绩好我们会说他智商高。一个人人缘好，到哪里都受人欢迎，我们会说他情商高。然而，这只是对智商与情商最简单的概括。

　　情商和智商，在我们的人生路上到底起着怎样的作用?或者说，情商和智商哪个更重要呢?

　　据相关资料研究显示，一个人的成功，智商起的作用占了20%，情商所起的作用占到了80%。而在实际生活中，成功的人通常都是情商与智商结合得相得益彰的人。

　　习惯使然，很多人觉得如果一个人的智商高，相对应的，他的情商也会高。而实际情况并非如此。

美国有一本叫《异类》的书籍，里面研究了很多天生就智商异于常人的人，也就是所谓高智商人，这些人的智商通常都在140以上，是人们眼中的天才。结果在记者和科研者们的长期追踪下发现，这些天才在长大后却并没有获得如研究者期望的伟大成就，他们中的绝大多数和普通人一般无二，循规蹈矩，按部就班地活着。在普通的公司上班，从事着一些普通的工作，比如在超市里当售货员，百货公司里做导购，工程部里负责维修工作，等等。科研者们研究发现，相比天才而言，那些智商处于中上等，徘徊在110～130之间的人们，获得成功的比率更高。

日常生活中，我们也经常能看到一些在学习上极具天赋，但进入新的学习环境或是进入工作岗位后很难融入周边环境的大学生。他们中的一些人与他人的相处并不融洽，总是发生这样那样的小摩擦，各种小事件小情绪的持续发酵，不良情绪一直累积，让自己感觉十分痛苦。其中的少部分人过惯了天之骄子的生活，离开了光环笼罩，一时间难以接受其中的落差，意志薄弱者离职离家，更有甚者会因一时想不开而轻易结束自己的生命。这一切并不是危言耸听。

2014年1月17日，宾夕法尼亚大学19岁的大一新生麦迪逊·霍勒伦从费城停车场跳下自杀。在留给父母的遗书中她写道，自己之所以自杀是因为"我好像不再认识我自己了……我从没感到如此沮丧"。

2017年1月17日，北京理工大学一名研究生深夜跳楼身亡。

2017年5月21日，北京邮电大学主楼，一位大学生选择结束了生命。

据悉，北京高校每年都有大学生自杀身亡。而同年的一份调查报告也显示，大学生中，有14%的人曾出现抑郁症状，17%的人出现过焦虑症状，12%的人有敌对情绪。人们在因这些数字而触目惊心的同时也不免疑惑：为什么这些曾被贴上"优秀"标签、智商过人的天之骄子们会如此轻易放弃自己的生命？

经过调查，我们发现这些轻生的学生均不同程度地认为自己遭遇了人生中无法度过的重大挫折，如就业难、学习上无法更进一步、感情失意、经济压力、人际关系出现问题等。

表面上看，因挫折而导致无法符合自己期望值的失落感和心理落差是大学生自杀的"导火索"，而实际上，低情商才是杀死这些学生的罪魁祸首，对此，智商是无能为力的。

情商高的人不仅不做悲观情绪的奴隶，而且能够转化自己的情绪，改变别人的情绪。就一般意义上来讲，情绪控制人们的时间远远多于理智，所以上文中说的，成功与否80%取决于情商，我想是有一定道理的。

我们知道，很多高技术公司里总是保留一些解决难题的顶尖高手，这些人通常的头衔是"公司咨询工程师"，一旦工程项目出现麻烦，可随时调遣他们。他们在公司里备受重视，企业的年度报告都将他们归入公司管理层。是什么使这些技术尖子如此特殊呢？

波士顿银行的咨询顾问苏珊·埃利斯说："在这些公司工作的每个人几乎都是聪明绝顶的，使这些技术尖子与众不同的不是智力，而是情感能力，是他们善于倾听别人的意见、善于合作并能调动人们的积极性，振臂一呼，应者云集，能领导大家齐心协力工作的能力。"

当然，我们也不能否认尽管有些人的情商不高，依然能够跻身栋梁之列，这也是长期以来各公司的现实状况。但是，随着职业分工的不断细化，未来的工作中，更强调灵活性、团队精神及准确的顾客定向，因此，对于个人来说，无论做哪一种工作，无论在世界何地，要想在工作中做出优秀的成绩，情商都越来越重要。

戴尔·卡耐基在《如何赢得朋友与影响他人》中，写道：

查尔斯·施瓦布是美国企业中第一个拿到超过百万年薪的人（当时没有所得税，一个人周薪50美元就已经是高薪了）。在1921年新成立的美国钢铁公司里，他被安德鲁·卡耐基任命为新主席，当时的施瓦布只有38岁（施瓦布后来离开美国钢铁公司接管当时陷入困境的伯利恒钢铁公司，并使之成为美国最赚钱的公司之一）。

为什么施瓦布会有这样的成就？是因为他智商超人是个天才？事实上，施瓦布从未表现出异于常人的超高智商。难道是因为他比别人更了解钢铁的操作？也不尽然。施瓦布自己就曾说过，比他懂得钢铁操作的人比比皆是，就比如说他手底下的工人们，他们其中的一部分人对钢铁都有一套自己的独特见解。

施瓦布解释说，自己之所以能成功是因为自己有能力与人沟通。他说："我认为我的能力是振奋、激励周围的人。我能够帮助一个人成长、发展，而激励他最好的方式是感谢和鼓励他。"

其实，施瓦布所说的这种能力就是情商。科学家们已经证实，情商在一个人是否能获得成功中起着决定性作用。经调查发现，只有当情感智商同时兼备，智商才能得到淋漓尽致的发挥。在许多领域卓有成就的人当中，有相当一部分人，在学校里被认为智商并不太高，但他们充分地发挥了他们的情商，最后依然获得了成功。

情商较高的人在人生各个领域都占尽优势，无论是谈恋爱、人际关系，还是在主宰个人命运等方面，其成功的机会都比较大。

此外，情商高的人生活更有效率，更易获得满足，更能运用自己的智能获取丰硕的成果。反之，情商低的人，不能驾驭自己的情感，内心会经常发生激烈的冲突，削弱了他们本应集中于工作的实际能力和思考能力。也就是说，情商的高低可决定一个人其他能力（包括智力）能否发挥到极致，从而决定他有多大的成就。

情商不仅是一种洞察人生价值、揭示人生目标的悟性，更是一种克服内心矛盾冲突、协调人际关系技巧的生活智慧。与智商不同的是，情商并无明显的先天差别，更多的是与后天的培养息息相关。可惜的是，在很长一段时间里，家长与社会环境都过于强调开发孩子的智商，唯名校论、唯分数论的论调让很多人都忽视了对孩子情商的培养，而社会上也没有开设专门的学校或是课程来培养我们的情商。生理上的成熟也许不需要通过教科书便可以水到渠成，然而心智的成熟却需要特殊的指导和磨炼。而且假如缺乏必要的指导，那些磨炼也可能变成打击，起到一个反作用，甚至不仅不能提高人的成熟程度，还会带来痛苦和麻烦。

智商是先天性的，情商是可以后天修炼的。但事实上，练就高情商并不容易，因为你要时刻拥有清醒和正确的"自我认知"，在物质和精神的变幻过程中拥有"自醒"的能力，在人际交往中可以快速地"识别情绪"，面对悲伤和困难要知道如何整理情绪。但是，并不容易不等于不可能，其实培养情商就像练内功，是一个持久累积、缓慢爆发的过

程，并且不着痕迹，但是只要你肯下意识地去培养它，那
么，日积月累，你也可以成为一个情商高手，你也可以获得
你想要的成功。

2. 智商高的你为什么屡屡碰壁？

　　看过电视剧《生活大爆炸》的人都知道，里面的主角之一"谢耳朵"是一位高智商的天才，但是这位天才情商很低，我行我素，还有种种怪癖，引发了很多笑话，也让他成了研究所里出名的"怪咖"。

　　天才，是高智商的又一代名词，然而，提到天才，很多人都觉得，这类型的人是可望而不可即的，就像"谢耳朵"一样，性格古怪，不好相处，总之，不那么"接地气"。

　　的确，生活中总有这样一类人，他们领悟力强，学东西快，记忆力好，在别人还头悬梁锥刺股，拼命苦读时，他们却可以轻轻松松取得让人羡慕的成绩，人们说起他们，往往会用两个字形容：聪明。

然而，你还会发现一个奇怪的现象，就是这些所谓聪明的人离开学校进入职场后，并不都是那么优秀的；相反，他们中有些人并不被人喜欢，在工作和生活中四处碰壁，受尽打击。

陈峰是从小被老师和家长夸着长大的，熟悉的人都知道这孩子智商很高，是众人眼中的天才少年。因为数学成绩突出，同龄人还在读高一的时候，一再跳级的陈峰就参加了高考，并以高出分数线近200分的高分被重点大学录取。身边的人都为陈峰高兴，连他的父母也兴奋不已，但陈峰自己却没那么高兴，甚至心底里还暗暗害怕。

因为陈峰知道，虽然他聪明，智商高，但自理能力却非常差，每天吃的、穿的、用的都是妈妈事先就给准备好的，不然自己就不知该怎么出门，上学也一直都是父母接来送去。除了学习，他跟同学几乎找不到共同话题，不愿意跟同学交流，所以，只有学习让他感到最快乐，但是一想到上大学后要住宿舍，要跟那么多人相处，每天还要自己出门穿衣吃饭，陈峰就觉得心慌。

因为了解自己孩子的状况，最后，陈峰的妈妈决定辞职去陪读，在大学校外租了房子，每天帮陈峰洗衣做饭。尽管这样，大学与中学迥然不同的环境也让陈峰很不适应，因为大学中的生活不再是仅仅以学习为主，而他除了学习什么都不会，更不知道该怎么和别人相处，时间长了，陈峰觉得自己与这里的一切都格格不入，有种被孤立的感觉。这种苦闷的心情积攒久了，陈峰开始失眠，头疼，甚至连课也上不了，陈峰的妈妈陪他去医院检查后才知道他患上了抑郁症。

当然，并非所有的高智商人都难相处，也不是所有的天才都是"谢耳朵"或陈峰，如果把高智商与低情商直接画上等号，显然是偏执的也是不公平的，但是，不管怎样，有些高智商人士无法与周围人很好地打成一片却是不争的事实。

加利福尼亚大学的心理学家曾做过一个关于智商和情商的测试，最后总结出高智商和低情商兼具人士的几个普遍特点。

第一，喜欢批评他人，过分讲究逻辑和用词。

第二，不爱讲话，给人冰冷无情的印象。

第三，性格比较内向，容易焦虑，凡事想得过多，过于追求完美。

第四，常常不顾及他人的内心感受，说一些伤人的真话。

而正是这些特点，使得他们在生活中往往不受欢迎。如果从事独自一人可以完成的工作还好，因为只要找到他们喜欢并擅长的事情，他们就乐于沉浸其中，尽管孤独，但他们并不会感到寂寞。但是，如果让他们从事需要与别人协作的工作，他们不仅不受欢迎甚至还会成为别人讨厌的对象。这是为什么呢？

社会认知神经科学创始人马修·利伯曼对此做出的解释是：支持社会思考的神经网络与支持非社会思考的神经网络通常是互相矛盾的。

他认为，与支持社会思考的神经网络相关联的部分位于大脑外侧，而支持非社会思考的那一部分位于大脑内侧。通常情况下，当支持社会思考的神经网络打开（活跃）时，支持非社会思考的神经网络就会关闭（安静），反之亦然。

而高智商、低情商的人就是因为支持非社会思考的神经网络长期活跃，以致他们社会化的程度较低，所以呈现出不善与人相处的样子。

尽管这一理论的正确性有待商榷，但我们却可以从中体会到一些可以借鉴的意义：因为我们的大脑是有平衡功能的，所以，我们可以有意识地锻炼自己欠缺的那一面来提高自己。比如，如果你是个高智商人士可却一直处理不好人际关系，那么，不妨多把时间分配在社交活动上，进一步激活你支持社会思考的神经网络，多给它一些锻炼的机会，这样，假以时日，你就会发现自己的社交能力有了很大提高。

总的来说，高智商是一种综合的表现，具体表现在反应迅速、记忆力强、思维敏捷、口齿伶俐等方面。

从很多事例可以看出，拥有高智商，并不是一件很幸福的事情。

据调查发现，那些智商高的人，之所以在职场上不受欢迎，往往就是因为他们不能很好地和周围人打成一片。

他们觉得自己能力很强，除了他们自己，别人都可以忽略不计。他们普遍表现出情商很低的特征。比如：他们不会真诚友好地对他人微笑、不会说一些适合场景的话。

就拿下面的故事来说吧。

小花的妈妈不幸得了癌症，在化疗期间，身体状况不好，精神压力也很大。

小花的一个朋友研究生毕业，是一个智商很高的人。某天她去病房看望小花的妈妈，送了100元钱，小花一点也没有感激，反而还怨恨在心。

原来她的朋友在她妈妈的病房里时，不顾老人虚弱的身体，每说一句话都提到"癌症"这个词，还一直唉声叹气的，老人家听后脸都被吓得一片惨白。

小花的朋友，虽然智商很高，但是她不顾老人家的身体状况，直接说"癌症"，就是情商低的表现。

在单位也有人反映，小花的这个朋友，性情有些古怪，她从来不和人说笑，每天都板着面孔，别人见了她都躲得远远的，说她不是个正常的女人，是个变态的女人！

可事实上，这个朋友还是有能力的，她英语过了专八，有律师资格证和注册会计师证，公司的许多业务，只有她能处理。只是，因为她不能和周边的人愉快地相处，所以她一直都还是个普通的员工。

现实生活是一个人情社会。智商高，只能说明他思维能力很强，但并不代表这样的人别人能喜欢他。

在社会上生存，不仅需要会做事，更要会做人。你只有会办事，并且说话得体，办事得当，让人喜欢，你的工作才会顺畅，生活也才能过得开心。

如果你只是智商高，情商低，一旦进入一个单位，能不能让人喜欢，与他人友好相处，把工作做到最好，将会是严重的问题。

3. 为什么情商高的人更受人喜欢？

通常来说，情商高的人在生活中都能够保持一颗平和的心态，不管面对多么恶劣的环境，他们都能应付自如，他们能和许多人保持友好的关系，甚至在人际交往中如鱼得水，被很多人喜欢。

在一趟长途火车上，因为时间已经过了凌晨1点，很多乘客都已经进入了梦乡，车厢里静悄悄的。突然，一个不到6岁的小孩突然哭了起来，把所有乘客都惊醒了。

孩子的妈妈对着乘客们不好意思地笑了下，说："对不起，打扰大家休息了！"然后又温柔地看了一下自己的小孩，对他说："宝贝，你看哥哥姐姐都在睡觉，我们小声些可以吗？"

　　小孩听后渐渐安静了下来，没有再继续哭泣。安抚好孩子后，孩子妈妈又再次对大家道歉，而周围的乘客也纷纷表示理解，安慰她说小孩子哭闹很正常，不要太在意。

　　同样的情况发生在临近的车厢里却有了不同的版本，同样是孩子哭闹，吵醒了周围的乘客，孩子的妈妈哄了几声后不见效，眼看着附近有乘客已经露出了不耐烦的表情，孩子妈妈气急了，照着孩子屁股就是几巴掌，边打边骂："大半夜的，你不睡觉哭什么哭，别人都烦你了知不知道。"这话一出，周围乘客的脸色更难看了。

　　面对同样的尴尬处境，显然第一个妈妈才是高情商的代表。在遇到难堪的局面时，她首先考虑到的是其他乘客，先向乘客们道歉，之后再用温柔又引人思考的方式让孩子学会尊重别人，停止哭闹，之后再三对周围乘客表达歉意，这样设身处地为别人着想的做法，赢得了周围乘客的理解，所以大家不仅没生气，反而来安慰她。

　　是的，情商高的人总是能够看清形势，说得体话，做暖心的事，让人接触起来感到舒服。他们在生活和工作中能够和别人坦诚相对，用友好的方式提出自己的看法，但同时他们也会理性分析，并勇于承认错误和承担责任。

情商高的人能够轻松识别他人的情绪，体察别人的情绪。他们有着很好的自我情绪管理能力，无论什么时候，都会保持健康向上的情绪状态，给人善解人意、开朗幽默的形象，让你觉得和他们相处起来没有压力，显得无比放松，亲切又自然。这就是情商高的人更容易被人喜欢的原因。

与之形成鲜明对比的是情商低的人，他们说话做事总是以自我为中心，凡事都从自己的角度出发，不懂得控制自己的情绪，说话做事随意，有时候惹恼了别人自己还不知道。

就像上面例子中的第二个妈妈一样，且不说教育孩子的方式欠妥当，说话的方式很明显也是以自己利益为出发点的——不考虑孩子的哭闹为别人带来的麻烦，而是先发制人地阐述别人对自己产生的影响，所以，周围乘客的脸色才会更难看。

在生活中，情商低的人常常都是大家避之唯恐不及的对象，因为没有人喜欢跟会给自己带来负面情绪的人相处，所以，要想有一个好人缘，让别人喜欢你，就要多在提高情商上下功夫。

4. 用高情商提高成功的比例

运用"情商"原理透视成功的话题有很多，现实生活中高情商的人取得辉煌业绩的故事同样不胜枚举。我们甚至可以说，智商低一点的人，如果拥有更高的情商指数，也完全可以获得成功。电影《阿甘正传》中的男主角阿甘就是一个很好的例子。

阿甘，虽然智商低于正常值20多分，但可以肯定的是，他的"情商"比别人的情商高出许多。阿甘遭受挫折和失恋后总是自言自语："妈妈告诉我，人生……"然后很快就能振作起来重新迎接生活，这就是情绪控制的力量。在捕虾船上，面对一次次捕捞上来的废弃杂物，面对惊涛骇浪、暴风骤雨，阿甘没有丝毫的泄气。也许你会说他傻得不知道什么叫作"成功"，可以说他傻得不知道这叫"失败"，如果那样的话，讨论成功也就没有意义。关键在于阿甘把困难当作巧克力中较苦的味道，他相信会有甜的等着他。我们不知道未来会怎样，于是只有专心做好现在的自己。令人尤为感动的是阿甘的精神感染了心情颓废的上尉，使他昂起头体味美好生活。这种"移情能力"恰恰是情绪智力上的高妙境界。

现代社会是高速发展的社会，快节奏的生活，高频率的工作负荷，复杂的人际关系，越来越激烈的竞争，使人们普遍感到心里的压力很大，再加上我们无法预测的天灾人祸，每个人应付起来并不都能得心应手，所以，我们还需要高情商来帮我们适应这样的社会，让自己应对自如，并进行自我管理、自我调节。

20世纪70年代中期，美国某保险公司曾雇用了5000名推销员，并对他们进行了职业培训，每名推销员的培训费用高达3万美元。谁知雇用后的第一年，就有一半人辞职，4年后这批人只剩下不到1/5，原因是，在推销保险的过程中，推销员要一次又一次地面对被拒之门外的窘境，许多人在遭受多次拒绝后，便失去了继续从事这项工作的耐心和勇气。那些善于将每一次拒绝都当作挑战而不是挫折的人，是否更有可能成为成功的推销员呢？于是，该公司向宾夕法尼亚大学心理学教授马丁·塞利格曼讨教，希望他能为公司的招聘工作提供一些理论上的帮助。塞利格曼教授是以提出"成功中乐观情绪的重要性"理论而闻名的，他认为，当乐观主义者失败时，他们会将失败归结于某些他们可以改变的事情，而不是某些固定的、他们无法克服的困难，因此，他们会努力去改变现状，争取成功。接受该保险公司的邀请之后，塞利格曼对1500名新员工进行了两次测试，一次是该公司常规的以智商测验为主的甄别测试，另一次是塞利格曼自己设计的，用于测试被测者的乐观程度。之后，塞利格曼对这些新员工进行了跟踪研究。在这些新员工当中，有一组人没有通过甄别测试，但在乐观测试中，他们却取得"超级乐观主义者"的成绩。跟踪研究的结果表明，这一组人在所有人中工作任务完成得最好。第一年，他们的推销业绩比"一般悲观主义者"高出21％，第二年高出57％。从此，通过塞利格曼的"乐观测试"便成了该公司录用推销员的一道必不可少的程序。

"乐观测试"实际上就是"情商"测验的一个雏形，它在保险公司中取得的成功在一定程度上直接证明，与情绪有关的个人素质在预测一类人能否成功中起着重要作用。

新泽西州被誉为"聪明工程师思想库"的贝尔实验室的一位负责人，曾经用情感智商的有关理论，对他的职员进行分析。结果他发现，那些工作绩效好的员工，的确不都是具有最高智商的人，而是那些情绪传递得到回应的人。这表明，与社会交往能力差、性格孤僻的高智商者相比，那些能够敏锐了解他人情绪、善于控制自己情绪的人，更可能得到为达到自己目标所需要的工作，也更可能取得成功。另外一个例子是，美国创造性领导研究中心的大卫·坎普尔及其同事，在研究"昙花一现的主管人员"时发现，这些人之所以失败，并不是因为技术上的无能，而是因为情绪能力差，导致人际关系方面陷入困境而最终失败的。正是因为在企业界的成功应用，情感智商声名大振，并开始引起新闻媒介的浓厚兴趣。情商为人们开辟了一条事业成功的新途径，它使人们摆脱了过去只讲智商所造成的无可奈何的宿命论态度。因为智商的后天可塑性是极小的，而情商的后天可塑性是很高的，个人完全可以通过自身的努力成为一个情商高手，到达成功的彼岸。

十年前的莫奈，就是千千万万普通人当中的一个。

那时的莫奈还只是一个汽车修理工，当时的处境离他的理想差得很远。一次，他在报纸上看到一则招聘广告，休斯顿一家飞机制造公司正向全美广纳贤才。他决定前去一试，希望幸运会降临到自己的头上。当他到达休斯顿时已是晚上，面试就在第二天进行。吃过晚饭，莫奈独自坐在旅馆的房间中陷入了沉思。他想了很多，自己多年的经历历历在目，一种莫名的惆怅涌上心头：我并不是一个低智商的人，为什么我老是这么没有出息？他取出纸笔，记下几位认识多年的朋友的名字，其中两位曾是他以前的邻居，他们已经搬到高级住宅区去了，另外两位是他以前的同学。他扪心自问，和这四个人相比，除了工作比他们差以外，自己似乎没有什么地方不如他们。论聪明才智，他们实在不比自己强。最后，他发现，和这些人相比，自己分明缺乏一个特别的成功条件，那就是性格、情绪经常对自己产生不良影响。城市里的钟声已敲了三下，已是凌晨3点钟。但是，莫奈的思绪却出奇的清晰。他第一次看清了自己的缺点，发现了自己过去很多时候不能控制的情绪，比如爱冲动、遇事从不冷静，甚至有些自卑，不能与更多的人交流，等等。整个晚上他就坐在那儿检讨，过去他总认为自己无法成功，却从不想办法去改变性格上的弱点。同时他发现，自己一直在自贬身价，从过去所做的每一件事就可以看出，自己几乎成了失落、忧虑而又无奈的代名词。于是，莫奈痛定思痛，做出一个令自己都很吃惊的决定：从今往后，绝不允许自己再有不如别人的想法，一定要控制自己的情绪，全面改善自己的性格，塑造一个全新的自我。

第二天早晨，莫奈一身轻松，像换了一个人似的，怀着新增的自信前去面试，很快，他被顺利地录用了。莫奈心里很清楚，他之所以能得到这份工作，就是因为自己的醒悟，因为对自己有了一份坚定的自信。

两年后，莫奈在所属的组织和行业内建立起了名声，人人都知道，他是一个乐观、机智、主动、关心别人的人。在公司里，他不断得到升迁，成为公司所倚重的人物。即使在经济不景气时期，他仍是同行中少数可以做到生意的人。几年后，公司重组，分给了莫奈可观的股份。

这就是情绪转变的力量，也是情商的力量。情商的提高是一个长期培养而非一蹴而就的过程，但不管怎样，关键在于我们要意识到情商的重要性，并从现在开始注重对自身情绪的了解和控制，学会保持乐观开朗的心态，学习与人融洽共处的技能，假以时日，你也能成为一个高情商的人。

第二章

情商障碍一：不分场合乱说话

1. 不留情面地当众指责

每个人都希望自己在生活中是个会说话，会做事，让人挑不出毛病的人，也就是人们口中所说的情商高的人。可是，生活中偏偏有些人总是喜欢当面指责他人，让人下不来台，不管是出于什么目的，这样的人显然是不受欢迎的。

李程在公司里是出了名的心直口快，了解她的人也都知道她虽然说话口无遮拦，可其实并没有恶意，但那些对她不熟悉的人却常常对李程的做法感到恼火，甚至认为她是故意针对自己。

年初，公司里来了几个刚毕业的实习生，初入职场，难免有很多不适应的地方，好在公司里的老员工对他们都比较包容，很多时候，即使他们做得不对，也都会委婉地指出来。李程对这些职场新人也很照顾，只是她常常不论场合就直接指出别人问题的方式有些让人难以接受：早上上班时，大家都挤在电梯里，李程就直接指着小晴说你的裙子太短了，身为前台代表着公司门面，更不能违反着装规定，结果整个电梯里的人都看着小晴，弄得她尴尬不已；在例会上当着领导的面批评小张，说他的报告写得龙飞凤舞，让人看得眼晕。还说现在虽然都在提倡无纸化办公，但是工整的字迹是一个行政人员应该具备的基本素质；在公司下午茶时间，当着同事的面抱怨小田给大家买回的咖啡总是温的，还对小田说，后勤不是这么做的，你该多跟××学学，不然恐怕你试用期都过不了就得走人……

　　时间长了，几个实习生都对李程意见很大，几个人私下里议论自己是不是有什么地方得罪过李程，或者说她就是故意欺负新人，否则怎么这么喜欢找实习生的碴儿。一来二去，老同事也知道了实习生的想法，于是委婉地提醒李程，让她注意自己的说话方式，可李程却一脸不解，认为自己都是为了他们好，早点意识到自己的缺点，就能尽早结束实习期啊。

哪怕你的目的是为对方好，公众场合指责他人也是不明智的行为，因为这会让对方非常难堪，无暇顾及你的真正目的。事实上，那些真正聪明、情商高的人从来就不去当众指责别人，他们会从对方的角度出发，委婉地提出劝告，充分考虑他人的感受，不让对方感到难过。

据说在作家冯骥才的身上发生过这样一件事：有一次他去美国访问，一位美国朋友带着儿子来看他。在他们聊天的时候，朋友的儿子突然爬到冯骥才的床上，还站在上面一阵乱跳。

冯骥才看到后没有生气，而是幽默地说了一句："请你的孩子回到地球上来吧！"那位朋友听后说："好，我和他商量商量。"孩子听父亲劝告后，乖乖地从床上爬了下来。

看到小孩子在自己的床上乱跳，遇到这样的事情，一般人可能会很生气，甚至会直接让孩子下来，可这样一来，朋友肯定会感到尴尬。聪明的冯骥才没有这样做，而是用幽默的语言，达到了自己的目的，也化解了朋友的尴尬。

生活中难免遇到尴尬的情况，这时不去指责他人，给对方提供一个"台阶"下，对方会感觉到受尊重，也会发自内心地更加感激你。这是一个人的美好品德，也是高情商的体现。

当然，在给人"台阶"时，最好还要有一定的技巧，既能让当事者体面地"下台阶"，又要尽量不使在场的其他人觉察到。

在一家小饭店里，一个中年人在一家饭店请朋友吃饭。可能是带的钱不够，客人只是点了2瓶酒，但来的人却有5个。老板看到这一幕后，并没有露出不屑或是不满的神态，反而不露声色地给客人斟起了酒，以致吃了很多菜后，客人们酒杯里的酒还是满着的。

这位中年人明白老板是在帮他，临走时向老板认真地说了谢谢，还说以后聚会还来这里。之后，中年人真的常常带朋友来这里，因为小店饭菜美味可口，氛围温馨舒适，朋友们又带了自己的朋友，一来二去，小店生意越来越红火，而当初的那个中年人也和老板成了好朋友。

显然，故事中的饭店老板不仅是一个称职的商人，还是一个情商高的人，他不动声色地用自己的行为维护了顾客的面子，化解了他的尴尬，也为自己赢得了回头客。

俗话说：与人方便，就是与己方便。在与他人相处中，尊重他人，不当面指责他人，不当面说难听的话，给人台阶，也就是给自己台阶。只有这样做了，我们与他人的关系才会变得长久。

其实，很多时候，如果你不假思索地在一个公开的场合指责一个人时，周围人的目光不仅会落在被你指责的人身上，也会落在你的身上。因为，每个人都有自尊心，在人多的地方使对方出丑，下不了台，反而会使人感到你为人刻薄，不好相处。长此下去，你的朋友自然会越来越少，所以即使是真心的劝告，也要注意掌握尺度和方法，不要好心办坏事。

2. 聚会上的"冷场王"

随着生活节奏的加快，人们的生活压力越来越大，于是，许多人喜欢在空闲的时候约上三五好友坐在一起喝茶聊天，把平日里累积在心里的不愉快通过聚会的方式散发出去。在这种场合中，在聚会上说的话就显得尤为重要。

有些人说的话，能使聚会的氛围变得活跃，让人忘记烦恼；而有些人却总是能让聚会的气氛一秒钟陷入冰点，让别人觉得尴尬、郁闷，这些人就是聚会上最不受人欢迎的"冷场王"。

周末，小邓组了个饭局，约了几个大学同学一起出去吃饭。吃饱喝足后，大家就天南地北地聊开了。虽然毕业两年了，也不能经常见面，但是大家的感情一直都很好，自然也有说不尽的话题。起初，大家都有说有笑的，气氛一直很好，可聊着聊着，"冷场王"就出现了。

原来坐在小邓身边的小许知道他现在是公务员，似乎对这个职业很感兴趣，就一直缠着小邓问这问那，这原本也没什么，可聊着聊着，话题就从比较平常的"现在忙不忙？""要不要经常加班？"过渡到了比较尴尬的问题，如："你们部门是不是会有额外的奖金啊？""年终奖到底有多少啊？""你们上班真的是看看报纸、喝喝茶就好了吗？"

小邓听后有些不高兴，但还是礼貌地回答了他。其他同学觉得气氛有些僵，赶紧找了其他话题来救场，可不一会儿，小许又揪着小邓公务员的身份继续说了起来。一个同学看不下去了，说："你老纠缠人家小邓做什么呀？大家好不容易聚一次，就不能聊些工作以外的话题吗？"可小许听着却不高兴了，质问同学："什么叫纠缠，我这不是聊天吗？你上纲上线干吗？"两个人争吵起来，虽然其他同学努力将两人劝了下来，但这场聚会最后还是不欢而散。

本来大多数聚会的目的就是为了让大家放松、开心，所以聊天的氛围很重要。简单的几句话，可以让氛围变得轻松也可以让氛围变得僵硬，没有人会喜欢聚会上的"冷场王"，因为这样的人都是破坏气氛的高手，所以，在说话前我们应该思考一下，哪些话该说，哪些话不该说，以免自己成为聚会上最不受欢迎的人。

那么，聚会中或者是日常生活中有哪些话题会破坏气氛，容易引起别人的反感呢？归纳起来主要有以下几种：

1.讲过于冷门的话题。

一般来说，聚会上太冷门的话题不会引起他人共鸣。如果聚会上就只有你一个人熟知一个话题，整场聚会上，也只有你一个人在滔滔不绝地讲话。那么其他想讲话、分享故事的人就会觉得被冷落，气氛自然很难活跃起来。

2.讲伤人带刺的话题。

聊天要有一个原则，那就是肯定和赞扬的话多说，否定消极的话少说。比如在聚会的时候，如果有女生在场，你说一句"我觉得不会做饭的女人不配为女人"，那么不会做饭的女生听到了就会很尴尬，气氛变得冷场也就在所难免了。

3.讲"假大空"的话题。

聊天的时候，大家都希望被真诚友好的对待，如果你说的话题听起来"高大上"，但是太浮夸，一点也不接地气，那就很难引起别人的共鸣。比如你说"我觉得做人既要仰望星空，又要看清脚下的路"，虽然你这话听起来没有太大问题，但却让别人不知该如何接下去，觉得和你没有共同话题，与你的思维不在同一个频道上。

4.讲过多消极埋怨的话题。

每个人都有情绪不好的时候，偶尔抱怨几句是很正常的事情。但如果你把整场聚会变成你的吐槽大会，那不仅不会让人有安慰你的心思，还会因为你把过多的负面情绪带给了别人，而让人感到压抑。

5.刺探对方隐私的话题。

没有人希望在聚会上被别人刺探隐私，就像小许问的那些问题一样，涉及对方的收入、工作细节，甚至是求证关于对方工作的一些不好的谣言是否属实，等等，这会让对方有种被人冒犯的感觉，让人心生不快，自然也就没有和你聊下去的欲望。

当然，除了上面列举的几种情况外，还有很多不恰当的举动也会让聚会陷入冷场。比如聚会过程中，只顾自己高兴，揪住一个猛聊，不顾对方是否高兴，也完全不把在场的其他人当一回事等，这样也会让聚会陷入尴尬的氛围。

聚会上的讲话，是一个人综合素质的体现，也是一个人情商高低的体现。要想让所有人都喜欢你，愿意和你聊天，在平时的聚会中养成好习惯，对我们来说是件不可忽略的事情。

如果你想早日变成情商高手，那么你可以试着从聚会上开始，坚决不说破坏气氛，让气氛陷入冷场的话。相信如果你能做到这点，你的身边渐渐地也会有许多人愿意与你交往。只要继续努力，你离交际达人还会远吗？

3. 夸夸其谈的"大话王"

很多情商高的人表达能力都很好，他们说的话让人听来很舒服，也懂得掌握分寸，知道什么叫适可而止，而不是只顾自己高兴，一味地说个没完。但情商低的人就正好与之相反，他们常常不分场合，只要自己高兴了，就不管别人的感受，像一个演说家一样说个没完没了。这样的人在生活中并不少见，他们逢人就喜欢夸夸其谈，或是显示自己懂得多，或是吹嘘自己有能力，然而真正做起事来却一无是处，是名副其实的"大话王"。

周鹏人缘很好，还做得一手好菜，所以，空闲时，经常邀请朋友来自己家做客，自己做菜招待他们，可最近，周鹏却很少领朋友到自己家来了，因为他害怕自己的爸爸动不动就开启"大话王"模式。

每次一有客人到家里来，爸爸就兴致勃勃地坐到客人对面，滔滔不绝地说话，内容大体都是自己光辉的前半生，自己多么的无所不能。很多客人刚开始为了保持礼貌都会坐在那里听着，甚至还会为了不冷场时不时附和上几句，可是没想到周鹏爸爸往往一开口就收不住，而对方礼貌性地附和也被他当作是对方崇拜自己的表现，有了"粉丝"捧场，周爸爸谈兴就更浓了。有些客人拉不下面子，强撑着坐到最后，有些实在受不了，坐了一会儿就找借口走了。有跟周鹏关系特别亲近的朋友曾经隐晦地跟周鹏提过，你爸爸太能吹了，我们耳朵都听烦了，实在受不了只能告辞走人。

对于爸爸这种不分场合、不分对象自吹自擂的行为，周鹏也感到很无奈。每当他劝爸爸注意一下的时候，爸爸就会一脸得意地说，那我就是知道得多啊，你没看你那些朋友都被我说得一愣一愣的。可事实上，周鹏知道，爸爸大多数时候就是个空架子，自己的工作跟爸爸以前大学时学的专业关联很大，可每当他真有问题请教爸爸时，爸爸就变成了哑巴，一个字也说不出来了。

生活中像小周爸爸这样的人并不少，他们说起大话比谁都厉害，可实际操作起来，却什么也不会。哪怕别人不得已地奉承他们几句，也能让他们自鸣得意，尾巴翘到天上去。可是这种光说不练的"假把式"早晚会被拆穿，更何况别人也并没有那么大的兴趣，听你吹嘘你的"丰功伟绩"，很多时候，你的夸夸其谈只会让别人厌烦。

我们在工作时也能碰到这种"大话王"，当别人在工作中遇到困难，正在想办法解决时，他们会在旁边以不屑的口吻教训道："这都不会，只要你……就好了呗。"什么事情被他们说起来似乎都真的很简单，可真当你满怀期待，请他们帮助自己操作时，他们就会躲躲闪闪，半天说不出一句话来。

"知之为知之，不知为不知，是知也。"话虽如此，但对于那些虚荣心强，情商又低的人来说，却很难做到。他们意识不到，自己的夸夸其谈并没有为自己赢来羡慕、崇拜的眼光，反而让别人烦不胜烦。

当然，我们并不是说喜欢说话是一件坏事，而是说要分清场合，把握好尺度，更不要为了虚荣而自吹自擂，抬高自己。我们要记住，日常生活中自己的一言一行都代表着自己在他人心中的形象，为了让自己更受欢迎，我们应该保持谦虚低调的心态，跟身边优秀的人学习，做一个不浮躁、不吹嘘，真正有内涵，说话做事受人欢迎的人。

4. 玩笑开得太过火

与人交流，开玩笑是一件很正常的事情，在生活中，幽默的人也总是更受人欢迎，但是，情商高的人在与他人相处的过程中，往往能开一些让人高兴的玩笑，情商低的人则相反，他们有时开起玩笑来，不仅不能引人发笑，还会让人难堪。

曾强是单位里出了名的老实人，大家都觉得他个性很温和，轻易不和别人发火，可是，有一次张钊和他开的一个玩笑，却让他愤愤不平了好久。

原来，上周末，单位里几个同事约好带家属骑车出去郊游，因为天热，曾强带了一顶墨绿色的鸭舌帽，本来大家谁也没在意，可到了中途休息站，张钊看到了，于是跟曾强开玩笑说："曾哥，什么颜色不好戴，你居然你戴了一个绿帽子！"大家这才注意到曾强头上的帽子，于是哄堂大笑，曾强自己摘下来看了看，发现确实是，于是也和妻子一起笑了起来，谁都没在意。

可是，到了下一处休息站时，张钊又开起了曾强的玩笑，问曾强："曾哥，你的绿帽子呢？怎么不继续戴了？"曾强的妻子听到这话，脸上已经没有了笑意，而曾强也只是勉强笑了笑就带着妻子走开了。可没想到，张钊还是没完没了。

大家继续出发后，他又边骑车边对曾强说："曾哥，你这个笑话太经典了。一会儿一定把你的绿帽子戴上合影留个念，好歹，你也是戴过绿帽子的人了，哈哈哈！"

被人接二连三开这种玩笑，曾强和妻子这时候脸色已经很难看了，周围的同事也都觉得尴尬，连张钊的女朋友也在车子后座上偷偷拽他衣角，可张钊却恍然不觉，还在继续大声笑道，"哈哈哈，你说你怎么想起来戴绿帽子的？"

这之后，大家到了目的地聚餐的时候，曾强再也没理过张钊，而张钊却还没意识到自己错在哪里。

开玩笑本来是一种个性幽默的表现，而情商高的人，在与他人交流中往往也喜欢用开玩笑的方式，拉近自己和别人的距离。

但是开玩笑也有雅俗之分。好的玩笑让人笑过之后感到轻松，而低级的玩笑则会让人感到庸俗不堪，不仅不会让人产生共鸣，反而会让人想有多远躲多远。

生活中，开玩笑得尊重他人，并且注意场合，让周围的人都能感受到善意，否则你不仅不能实现自己的初衷，反而会招致误会，甚至伤害别人。

为了避免这种情况发生，在平时与他人开玩笑时，我们应该注意以下几点：

1.不开他人生理缺陷的玩笑。

开玩笑时，切记不能拿他人的生理缺陷，例如驼背、残疾等作为话题，也不该嘲笑让别人感到失意的事情，如被分手等。

每个人都有自己在乎的东西，拿别人的身体缺陷开玩笑，是极不礼貌的，也是对别人的不尊重，而嘲笑别人的失意之处，就等于是在别人的伤口上撒盐，不管你是有心还是无心，都会让别人感到不开心。

2.不开讽刺他人的玩笑。

有时候，捉弄他人、讽刺他人的玩笑虽然也能引人发笑，但你的这种开心却是建立在别人痛苦的基础上的，这明显是对别人的不尊重，会使原本和谐友好的场面变得难堪，事后也很难解释。

3.开玩笑要注意对象。

什么样的人才能开玩笑，应该开什么样的玩笑，都是有讲究的。比如在与长辈和领导开玩笑时，就得多加注意，他们是长辈是领导，不仅有自己的生活圈子还有自己的形象、尊严，玩笑一旦开得不好，相处下去都会很尴尬。

4.开玩笑要注意场合。

玩笑不是在任何场合都能开的，如果你不懂这点，就会很吃亏。在很多场合，如朋友聚会、周末旅游等，适当地开玩笑能够让人心生欢喜，感到轻松快乐。但是在一些会议、追悼会等场合开玩笑，则会让人感到厌烦，觉得你不懂事，幼稚可笑。

总的来说，生活中开玩笑能增进感情，赢得别人对你的好感。但是玩笑不能随意乱开，只有在适当的时间、地点，对适当的人开适当的玩笑，才能达到你活跃气氛、拉近关系的目的。而且你只有学会了开合适的玩笑，才能提高自己的情商水平，让你在与他人的交流中展示你的魅力。

5. 别人说东你说西

　　情商低的人，不仅在感受他人情绪能力方面有欠缺，往往在理解他人说话方面也有欠缺。别人说的明明是这个意思，但他们却通常会理解成另外一个意思，以致别人与他们交流起来感觉就像是在对牛弹琴一样，显得乏味无趣，就像下面这个笑话一样。

　　一位老爷爷在给小孙子讲自己当年的故事。爷爷说他年轻的时候，参加过许多次革命战争，在有一次战争中，他挂了彩……

　　孙子听到这里，兴趣来了，他立即打断爷爷的话，问："是体彩还是福彩？"

　　爷爷无语地望着孙子，解释说："什么体彩福彩，是腿上……"

孙子继续抢着说："我知道了，那是足彩。"

爷爷彻底无奈了，强调说："不是彩票，是腿上中了弹！"

结果孙子兴奋地问："那你中了几注啊？"

爷爷瞪了孙子几眼，彻底没了讲下去的欲望，直接转身回房休息了，而小孙子还在原地挠头，不明所以。

生活中类似的事情并不在少数。除此之外，有时我们在和他人交流时会因为文化习俗以及个人偏好，采取一些委婉又符合自己语言习惯的词语来叙述，但这些词语听起来往往有另外的意思，如果你不加以区别，不仅不能正确理解对方话里的含义，甚至会闹出笑话。

而有的时候，在某些场合，人们有一些话不好直说不能直说也无法明说，于是，就会用一些模糊的语句来叙述某件事情。遇到这种情况，就更需要我们静下心来，认真思考别人话里的另外一层意思。

汤姆去一家餐厅吃饭，他点了一份汤，过了一会儿，服务员给他端了上来，但是没有给他汤匙，汤姆很生气。

　　他把服务员叫过来，说："对不起，这汤我没法喝。"

　　服务员以为汤有什么问题，立即重新给他上了一份汤，可汤姆看着汤，还是对服务员摇了摇头，说："对不起，这汤我没法喝。"

　　服务员有些懵了，不知道该怎么办，甚至怀疑这个客人是不是故意来找碴儿的，只好把经理叫过来。经理见到汤姆后，毕恭毕敬地朝汤姆点了点头，说："先生，这道菜是我们店的招牌菜，深受顾客欢迎，您怎么会觉得没法喝呢？"

　　汤姆无奈地回答："我是想说，只有汤，没有汤匙，让我怎么喝呢？"

　　"汤没法喝"有两方面的意思，一方面可以理解为汤本身有问题，影响食欲所以没法喝下去；另一方面，可以理解为只有汤没有喝汤的工具，所以没法喝。而服务员显然没能正确理解汤姆说的意思。

　　由此可见，我们在与他人交流时，不能想当然地只听别人表面的意思，而是要考虑别人话里的另外一层意思。只有真正理解别人想要表达的是什么，交流起来才会更加方便。

　　当你听明白了别人的言外之意后，你的说话水平也会无形中得到提高。因为当你面临尴尬的处境时，你可以幽默地来一句"言外之意"替自己解围，这样一来，既不会伤害别人的自尊，同时又可以让别人知难而退。

如果你能巧妙地运用这种语言艺术，时间久了，你身边的人也会觉得你充满了魅力，你的情商也在这个过程中得到了提高，你还害怕别人不会喜欢你吗？

不信？那请你暂时停下手中的事，来看报纸上的一则小故事。

一名英国绅士与一名法国女人同坐在一个火车的包厢里，女人看到帅气的英国绅士动了心，她想引诱这个英国人。

她灵机一动，想了一个方法。她脱下衣服躺下后对绅士说："先生，我觉得好冷，请问你能帮我吗？"

绅士听后热心地把自己的被子给了她，但她还是不停地说冷。

绅士也有些束手无策了，他沮丧地问："小姐，我还能怎么帮助你呢？"女人听后很激动，她这样回答："小时候我妈妈总是用自己的身体给我取暖。"

"小姐，这我就爱莫能助了。我总不能跳下火车去找你的妈妈吧？"绅士聪明地用这句话拒绝了女人的勾引。

　　故事中的绅士就是一个情商高的人，他知道如果直接说的话会伤害女人的自尊心，而一句"我总不能跳下火车去找你的妈妈吧"既为自己解了围，表达了拒绝的意思，又不至于伤害女人的自尊。

　　你看，言外之意就像一种武器，用得好的话能让你自己摆脱困境，又给别人留下余地。

　　当然，"良言一句三冬暖，恶语伤人六月寒"，语言的使用要有一定的限制。会说"言外之意"不是让你说一些表面上是赞扬他人，实质是挖苦打击他人的恶毒话。刨去道德因素不说，这也不是一个情商高的人该说的话，因为这些话只会让人觉得你很"恶毒"，更不可能通过这些话而喜欢你。

　　这告诉我们，在与他人相处的时候，要用心理解对方说的话，看看是否有另外的意思。要学会正确理解每一种意思，这样才能和他人友好愉快地交流，避免出现别人说东你说西的场面，让人觉得与你交流是一件浪费口舌的事情。

第三章

情商障碍二：不成熟的情绪表达

1. 一点就着的暴脾气

人们都知道，"世界上没有两片相同的树叶"，同样，世界上每个人的脾气性格也都是不同的。在生活中，我们常常能看到这样一种人，他们脾气暴躁，别人随便一句话，都能让他们怒火高涨。等怒火平息，冷静下来后，他们有时也会后悔自己的所作所为，可是，等到再遇到类似情况时，还会忍不住再次发火。

张林和董夏曾是一对让人艳羡的夫妻。两人是大学同学，因为兴趣爱好相投走到了一起，感情深厚。在性格上，董夏是家里娇养长大的独生女，经常会因为一点小事不合自己心意就发脾气，而张林自觉作为男人，应该包容自己的妻子，所以只要董夏发脾气就会让着她，因此两人的婚姻还是很幸福美满的。

　　虽然在婚姻中有丈夫无限度地包容自己，但实际上，董夏生活与工作中的人际关系一直十分紧张。对于朋友来说，董夏是个不能开玩笑的人，本来最正常不过的玩笑也能惹得董夏当场翻脸；在工作中，同事普遍认为董夏不好相处，像帮着递支笔这类小事都会让董夏觉得别人是在支使她，并因此面露不悦，更别提当别人的工作进度和董夏的进度无法配合时，董夏更是连沟通都不做直接就在办公室发火。时间长了，无论是朋友还是同事都开始尽量和董夏保持距离，大家都在背后说董夏仿佛更年期提前了，一言不合就发火，简直就是个炸药桶。

　　其实对于朋友和同事的嫌弃，董夏不是毫无感觉的，不过尽管有时事后也会后悔，但每次她仍然控制不住自己的脾气，这种情况一直持续到她的家庭也出现了危机。

　　几年前，董夏的家里添了一个新成员，可是，当孩子出生后，本应更加幸福的三口之家矛盾却突然多了起来。原来，面对年龄尚小的孩子，董夏也不知控制自己的脾气，随着孩子慢慢成长，从学走路，到穿衣吃饭，只要稍不合意董夏就会发火训斥孩子，这让张林越来越难以忍受，夫妻之间渐渐有了争吵。

几天前的一个早上，因为吃早餐时孩子稍微磨蹭了一下，觉得耽误了上幼儿园时间的董夏就开始声色俱厉地指责孩子，吓得孩子哇哇大哭。张林十分心疼，一把抱起孩子安慰，同时责怪董夏：为什么有话不能好好说？孩子还小，很多事可以慢慢教给她，给她讲道理，你动不动就发脾气，除了吓到孩子，能解决什么问题！但是董夏却不觉得自己有错，反而觉得丈夫不如以前体谅自己了，更是怒火高涨，于是战争瞬间升级，两人站在早餐桌前就开始大吵。

路怒症打人，嫌广场舞大妈唱歌扰民打人，嫌饭店老板做的菜里肉少动手打人……在许多引起广泛关注的事件中，我们能深刻感受到脾气暴躁的人身上存在的问题。他们情感脆弱，极易被激怒，也无法控制自己的愤怒情绪。

我们常常把自我调节情绪的能力当成衡量一个人情商高低的标准，但这种能力并不是到了一定年龄就会自然而然具备的，而是需要经过一个学习并反复调整的过程才能培养起来。但在我们的人生中并没有专门的学校来教授相关知识，所以有很多人的自我调节情绪能力较差，董夏就是个典型的例子——她不懂得正确处理自己的愤怒情绪，所以当这种情绪产生时，第一个反应就是立刻把这种情绪发泄出来，久而久之，这种情绪发泄已经形成了习惯，每当受到刺激，就会毫无预兆地爆发。

生活中像董夏这类不能控制自己愤怒情绪的人绝不在少数，只不过表现形式各有不同，有的人可能是职场刺猬，有的人是"路怒症"患者，等等。而对于不能控制愤怒情绪所导致的严重后果，美国临床心理学家、认知—行为疗法的鼻祖阿尔伯特·艾利斯曾做出过如下总结：其一，会对包括夫妻、家庭以及亲朋好友在内的亲密关系造成破坏；其二，会对工作中的人际关系造成破坏；其三，不仅无法解决问题，甚至还会使原本已经很糟糕的情况雪上加霜；其四，可能会引发攻击行为，以致产生不良后果；其五，可能会对身体造成损害，如诱发心脏病；其六，可导致抑郁、内疚、窘迫、失控感等"心理疾病"。简单说来，无法控制自己的愤怒情绪不仅会影响你的生活、工作，更有甚者还会对你、对他人的身体造成实质性的伤害。

我们常常用火山爆发来比喻人们发怒的情形，火山爆发是自然物理力量作用的结果，无法控制，所幸的是，人的自我调节情绪能力却是可以习得的，所以，像董夏这样总是一言不合就发怒的人也不是无药可救的，可以尝试用下面的方法来进行调节。

1.可以想办法将批判延迟，以此来克制住自己的冲动。当你感到火气冲头时，先不要急着开口发表自己的意见，你可以先试着在心里数数。可以从1数到10，如果发现还是无法平息怒火，甚至可以数到100，然后再开口说话。此时，你就会发现，你已经没有刚刚那么愤怒了，因为在批判被延迟的同时，你的冲动也获得了缓冲的时间，以致最终可以被克制。

2.转移注意力，暂时搁置问题。当人们被激怒时，身边的人往往会劝他们"别把事情放在心上"。实际上，这是在建议他们"把问题先搁在一边"，等情绪平静了，心情好一点的时候再回来解决这些问题。例如，住在楼上的人直到深夜还在大声地播放音乐，让你根本无法入眠；或者你的一个邻居拒绝把挡住光线的栅栏拆掉，这些小小的刺激都能成为

你的困扰、碍眼之物，让你变得心情焦躁不安。在遇到这种
情况时，先不要急着发怒，要想一想有没有一种比较聪明的
应对方式呢？如果有的话，会是什么？

3.灵活处事，不要过于强求。我们常说，条条大路通罗
马，有时，一条路走不通，即使发火也无济于事，还不如把
精力积攒下来用来想想其他出路。

有一个小公司，赶了一批货交给一家新开发的客户。交
货之后，却迟迟等不到客户将货款汇来。等了两个星期后，
老板亲自到客户的公司拜访，等了一段时间之后，得到一张
可立即兑现的现金支票。

老板拿着现金支票赶到银行，但是柜台小姐告诉他，这
个账户内的存款不足，他的支票根本无法兑现。老板明白是
那个客户故意耍诈，想要刁难他。他想立刻冲回客户的公司
和他大吵一架，但是，这个老板一向秉持着"和气生财"的经
营原则，所以他压下自己的怒气，向银行的柜台小姐询问这张
支票之所以无法兑现，到底差了多少钱。由于老板的态度很
诚恳，所以柜台小姐也很热心地帮他查询。查询的结果是，
户头内只剩下98000元，跟他的支票金额只差了2000元。

正如老板所料，这个客户是存心和他过不去。老板灵机一动，从身上拿出2000元，请柜台小姐帮他存到客户的账号里，补足支票的面额100000元后，再将支票中的钱取出。这样，他顺利地领到货款了。

这位老板当然可以理直气壮地跑到客户的公司去大发雷霆指责对方，但是他却没有那么做。因为他知道，要是他那么做的话，不但浪费了自己的时间，而且也会因此永远失去这个客户了。所以，他宁愿把时间花在解决问题上，而不是用来制造新的问题。

我们常将人生比作一个舞台，在这个舞台上我们常常会遇到各种各样的人，各种各样的事，他们或者让你喜欢，或者让你讨厌，但无论你遇到的是什么样的人，什么样的事，都应该记得把控好自己的情绪。脾气暴躁，不仅会破坏你的人际关系，有时甚至会导致意想不到的严重后果，所以，你要学会从此刻开始，改掉这个坏毛病！

2. 时刻挂在脸上的负面情绪

俗话说，相由心生。我们都听说过一个词叫"面善"，通常来说，这个词包括两个意思：熟悉或是面目和蔼。人们都喜欢面善的人，尤其是在不熟悉的情况下更愿意和看起来面善的人打交道，原因就在于，我们常常认为面目和蔼的人内心也是温柔、善良的，由此可见，一个人的面部表情有时会在人际关系中发挥很大的作用。可是，生活中有一些人总是冷着一张脸，要不就是愁眉苦脸，长吁短叹，这样的人总给人一种很压抑的感觉，如果跟他们待久了甚至会觉得自己的心情也变得不好了，这些人，就是我们说的，喜欢将负面情绪挂在脸上的人。

董丽很喜欢买衣服，一次，发了工资后，她兴冲冲地拉着好友去逛街，走到街角时，看见橱窗里的一件风衣不错，就走进店里，打算好好看看。

结果推门进去之后，并没有人过来迎接，也没听到别的店里那句熟悉的"欢迎光临"。老板娘坐在电脑旁正在看电视剧，看见有人进来也只是抬起头冷冷地看了她们一眼，就继续看她的电视剧去了。

董丽和朋友走到之前看中的那件衣服前面，开始仔细端详，摸摸材质，这时，老板娘才终于走过来，抱着双臂，依旧是冷着一张脸站在两人旁边。董丽问价钱，她爱答不理地说："衣服上有标签，自己看吧。"朋友又问可不可以便宜点，打个折扣也行。她照旧板着脸，说："不可以，只能按原价买。"

董丽和朋友互相看了一眼，急忙出了这家店，出去之后，二人忍不住抱怨：这是什么态度？不知道的还以为我们买了衣服没给钱呢！

遇到这样的老板，哪个顾客也不会感到开心，因为没有人会喜欢别人冷着一张脸对自己，服务行业更是如此。虽然说，每个人都会有心情不好的时候，但这并不能成为你将负面情绪挂在脸上，并以这副表情对待别人的理由。

情绪是会传染的，欢乐的情绪会传染，苦闷、悲观的情绪也会传染，特别是别人不了解你的时候，往往就是通过你的表情来识别判断你这个人的，所以，要想给人留下好印象，拥有好的人际关系，就要调整好自己的心态，不要把负面情绪表露在自己的脸上。

说到这里，到底哪些情绪属于负面情绪呢？下面我们来具体了解一下。

负面情绪，又称为负性情绪。心理学上把焦虑、紧张、愤怒、沮丧、悲伤、痛苦等统称为负面情绪。之所以称呼它们为负面情绪，是因为这些情绪体验是不积极的，也是不健康的，它会使个体的身体出现各种不适感，严重的情况下，负面情绪甚至还会影响个体的工作和生活，从而给个体带来身心方面的伤害，比如长期抑郁寡欢，悲观失落，会让人罹患忧郁症、抑郁症等心理疾病。

生活中，有些人欠缺情绪的调节能力，他们常常会把负面情绪积累在心里，不去积极地疏导，时间久了不仅对他们本人有伤害，同时对他们周围的人也同样存在着一定的危险。

有负面情绪的人，如果在生活中随意释放自己的负面情绪，比如在同事面前唉声叹气、做苦瓜脸，那么他们的负面情绪就很有可能会传染给同事，让办公室同事的心情也跟着变差，这样一来就容易使得办公室气氛压抑，让人工作起来不开心。

那么，我们要怎样控制我们的负面情绪，不让它表现在我们脸上呢？

其实，负面情绪并不可怕。它可以通过许多方法来进行调节。比如，心情低落时可以参加体育锻炼或者户外活动，当你大汗淋漓时，就会发现，心情已经变好了。或者还可以听音乐、看电影、睡一觉，甚至大吃一顿，这些方法都能帮你赶走不良情绪，恢复好心情。

情绪关系着一个人的身心健康，心理学家指出，现实生活中约有15%~20%的人有情绪障碍。

许多中风病人的发病都与情绪激动有关，尤其是经常有生气、吵架、恐惧、焦虑、兴奋、紧张、悲伤、嫉妒等情绪的人，他们很容易在多次不良情绪发作后患上脑出血的疾病。

临床医生说，这是因为表露在脸上的负面情绪如果长时间受刺激，会引起个体大脑皮质和丘脑下部兴奋，使个体脑血管内压力增大，容易在已经硬化、失去弹性、形成微动脉瘤的部位破裂，从而发生脑出血。

由此可见，负面情绪对人们的危害不容小看。它不仅会致使个体发生疾病，甚至也会影响周围人的健康。

事实证明，能够合理调节自己的情绪，拥有良好心态的人，才是一个成熟理智的人，人们也愿意跟这样的人打交道。

为了让自己有好的人际关系，我们在平时的生活中就得加强修养，让自己随时保持良好情绪，做一个心情平和，善于倾听，善于与人交往的情商高手。

3. 贬低别人抬高自己

孔子说："益者三友，损者三友。友直、友谅、友多闻，益矣；友便辟、友善柔、友便佞，损矣。"后者便是现在我们经常提到的"损友"这个词的由来。按照孔子的说法，性格孤僻暴躁，优柔寡断或是心怀鬼胎的人都该被归类为损友，而到了现代，损友的范围和标准已被大大扩展了，如果你身边有喜欢打击你，甚至贬低你借以抬高自己的朋友，那毫无疑问，这类人也是"损友"。

其实不只是损友，生活中有些人即使与别人的关系并不亲近也喜欢贬低对方以彰显自己的优越感。

王恬是个22岁的漂亮女孩，性格开朗、爱说爱笑，可是她的朋友却很少，就连同事也不喜欢她，原因就在于，王恬总喜欢贬低别人，彰显自己的优越感。

　　一次，同一办公室的小李穿着自己新买的连衣裙来上班。小李身材微胖，但这件连衣裙却很适合她，大家纷纷夸她裙子漂亮，衬得身材很好，可王恬一踏进门口，看见小李，张口就说："李姐，你怎么又买这种颜色的裙子了，你那么胖，穿这颜色看着简直就是大妈啊，这颜色也就我这年纪穿穿还行吧。"小李的笑容顿时僵在了脸上，同事觉得气氛很尴尬，于是替小李解围，说："这颜色很好啊，这是A牌经典款，主打就是这个颜色呢！"谁知王恬继续说："A是什么牌子，听都没听过。哦，是国内的牌子吧？我跟你说，这种颜色国内的牌子就没有做得好看的，你们看见我上周穿的那件裙子没有，也是这个颜色，但是是国际品牌B的，国内牌子跟它比起来简直抹布都不如。"听到这话，小李的脸彻底沉了下来，大家也都觉得王恬话说得太难听了。

　　办公室的女同事喜欢化妆，于是建了一个聊天群，没事时喜欢交流一下护肤心得，或是新发型什么的，王恬本来也在其中，可没过多久，大家就把她拉黑了，因为王恬在群里最常说的话就是："你这新发型做得还没我买的假发戴着好看呢。""你们居然还在讨论去哪买这个乳液合适，这么烂大街的牌子你们还在用啊！""×× 姐你这个眼妆化的，还不如我不化妆时好看呢"……

不只是对熟悉的人这样，即使在陌生人身上，王恬也总能找到自己的优越感。

一次，王恬的男朋友带她去参加朋友聚会，朋友介绍自己的女朋友小许给他们认识，大家寒暄了几句坐下聊天，王恬就问小许现在在做什么工作。小许说，自己现在还没工作，正在读研。王恬接着又问小许大学是哪里的，小许说了一个学校名，王恬马上一脸恍然大悟地说："哦，我知道了，那个三本学校啊。"王恬的男朋友怕她接着说出什么不好听的话来，马上接道："那小许很厉害啊，本科学校虽然不那么出名，但是依然能考上研究生。"小许的男朋友也一脸赞同地说："是啊，我也觉得她很厉害，她们学校她那一届只有她一个人考上了重点大学的研究生。"谁知，王恬马上说："跟你们说，考不考研都没有用。以后毕业找工作人家还是看的本科学校，你那个三流大学真的拿不出手，你看我本科是 ×× 大学的，一本，所以不用考研都能轻松找个好工作。"结果，最后聚会不欢而散，王恬的男朋友也责怪她说话太难听。

喜欢贬低别人的人大都有和王恬相同的特点，那就是他们说的话除了要打击对方，同时还要以此来显示自己的优秀。但实际上，在别人看来，他们的这种做法只会让人觉得他们不懂得尊重别人，以致对他们产生反感。

朋友肖眉说，有一天她去一家水果店买水果，当时，她看中了店里的一种苹果，问好了价钱，正打算买，结果老板一边卖力推销自己的水果，一边对她唠叨："你在我家买是最划算的。你别看这附近的水果店多，但都又贵又不好吃，而且他们的秤都不准，总是骗人……"

还没听她把话说完，肖眉就转身离开了。肖眉后来说，当时我心里就想："你家的水果好就好吧，干吗非说别人家的不好哪？本来留给我的那点好印象也被她弄没了。"

在生意场上是这样，与人交往也是如此。诋毁别人来显示自己，不会给自己带来好处，只会令自己的形象更差！

人们常说，将自己的快乐建立在别人的痛苦上是不道德的，哪怕你觉得自己贬低他人只是在开玩笑，娱乐一下气氛，但别人未必这样觉得，反而觉得你是个内心阴暗，不尊重他人的人。

尊重他人是一种美好的品德，在与他人交往中记住这一点尤为重要。你可以不如别人优秀，不如别人耀眼，但一定要记得学会尊重别人，因为只有这样，你才有可能赢得别人的尊重。

4. 一言不合就生气

大千世界，每个人都有自己的脾气，都会为了一些事情感到生气难过。但是在工作或生活中我们会发现有些人比较容易生气，他们往往会因为别人一时的口不择言和一些无知的行为，或者是一些小事情而激动不已，万分生气。实际上，哪怕别人真的做了对你而言很过分的事，你光是生气、愤怒也是于事无补的，甚至还会使局面变得更糟。

在20世纪60年代的美国，有一位很有才华、曾经做过大学校长的人，出马竞选美国中西部某州的议会议员。此人资历很高，又精明能干、博学多识，看起来很有希望赢得选举的胜利。但是，在选举的中期，有一个很小的谣言散布开来：三四年前，在该州首府举行的一次教育大会中，他跟一位年轻女教师"有那么一点暧昧的行为"。

这其实是一个弥天大谎，这位候选人对此感到非常愤怒，并尽力想要为自己辩解。由于按捺不住对这一恶毒谣言的怒火，在以后的每一次集会中，他都要站起来极力澄清事实，证明自己的清白。其实，大部分选民根本没有听到过这件事，但是，人们却愈来愈相信有那么一回事，真是愈抹愈黑。公众振振有词地反问："如果他真是无辜的，他为什么要百般为自己狡辩呢？"这些话有如火上浇油，这位候选人的情绪变得更坏，也更加气急败坏、声嘶力竭地在各种场合为自己洗刷冤情，谴责谣言的传播。然而，这却更使人们对谣言信以为真。最悲哀的是，连他的太太也开始转而相信谣言，夫妻之间的亲密关系被破坏殆尽。

最后他失败了，从此一蹶不振。

人们在生活中有时会遇到恶意的指控、陷害，更经常会遇到种种难以忍受的恶语中伤。遇到这些不如意，如果我们不能保持冷静，暴跳如雷，大动肝火，结果只能像上面故事中的候选人一样，把事情搞得更糟。

说到底，生气其实是在用别人的错误来惩罚自己。生活是美好的，我们没有理由为了一些琐碎的事情和自己过不去，让自己处于不开心的心态里。

情商高的人通常都很少生气。因为他们明白"放下即自在"的道理，自己的心情自己说了算，别人的一句或赞扬或贬低的话，从来就不会动摇他们的世界，而情商低的人则相反。他们很容易因为别人的一句话，就动摇自己的想法。如果别人夸奖他们一句，他们会高兴一天，而别人说他们一点不好，他们就难过几天，甚至还直接和人起冲突，闹出不愉快的事情出来。

试想一下，生活中谁愿意与一个情绪起伏不定，爱胡乱生气的人交流呢？爱胡乱生气的人，他们身上就像绑了一颗定时炸弹一样，随时都有爆炸的可能性，别人躲都还来不及呢，怎么敢主动靠近，以身犯险呢？

那么，为什么有些人偏偏就爱胡乱生气呢？经过研究发现，爱胡乱生气的人身上往往有一些共同特征。

比如，爱用自己的标准来衡量他人。

爱生气的人喜欢给自己建立一个标准来衡量别人，如果别人没有达到他们设定的标准，他们就会感到闷闷不乐，觉得别人做得不对，别人不应该那样做。打个比方，如果他们曾经在朋友有困难的时候，帮助过他，那么自己遇到困难时，就会要求朋友也要无条件地帮助自己。一旦朋友因为某些原因而没能帮上忙，他们便会不管任何客观因素，大发雷霆，认为朋友忘恩负义，无情地把他打入黑名单，从此不再联系。

再比如，爱认死理，钻牛角尖。

爱生气的人通常思维方式都比较单一，他们有绝对的对错观，在他们看来，任何事都是非黑即白，没有中间地带。凡事错就是错，对就是对，不容许有其他的答案。所以一旦遇到烦恼，他们就很容易陷在里面走不出来。

当然，爱胡乱生气的人除了上面讲的两点外，还有其他特征。但不管有多少特征，我们都可以从他们身上总结出一点，那就是他们不会处理自己的情绪，遇到事情后他们不会冷静理智地处理，而是粗暴生硬地用发脾气的方式来解决，既伤害了自己，也给周围人带来了不利的影响，同时也不利于事情的解决。

俗话说，"忍一时风平浪静，退一步海阔天空。"许多时候，我们并不需要大发脾气，只要静下来，深呼吸，换一种角度想问题，那么，你的烦恼自然就会慢慢化解。具体说来，你可以试试下列办法：

1.意念控制法。

在发火时，心中念念有词：别生气，别跟他一般见识，有什么天大的事要发这么大的火呢？会收到一定的效果。

2.回避矛盾法。

如果与同事刚发生了激烈的争吵，大家都在气头上，容易引起进一步的争吵，最好暂时回避他，这样可以做到眼不见，心不烦，怒气自消。

3.转移注意力法。

生气时，如果始终想着生气的事情，会越想越生气，越想越难过。相反，如果通过其他途径有意识地转移自己的注意力，做一些自己喜欢的事情，比如逗孩子玩，去商场购物，就可以转移大脑的兴奋点，让怒气在不知不觉中消失。

4.主动释放法。

把心中的不快找你的好朋友或亲人诉说一番，亲朋好友的理解和关心能让你如沐春风，化解心中的不良情绪，而你的不良情绪也不会传染给他人。

5.文字排遣法。

一时找不到可靠的人诉说，可以把发怒的地点、原因和经过详详细细地写下来，描绘那个惹你生气的人的百般丑态，你会发现他并不如你想象中的那么可恶，甚至还有一些可爱之处，从而消解了怒气。

6.自我超脱法。

自己提出的工作方案，可能会遭到半数以上的人的反对，包括上司和同事。也许是对你期望值太高，也许是认为你工作能力差，这都是正常的现象，不必忧虑和生气。

7.积极沟通法。

当争吵双方都心平气和的时候，利用午休时间聊聊天，谈谈各自的爱好，或许你会发现你们之间并没有什么重大的"阶级"仇恨。另一方面，大家都是为了工作，不要把工作中的矛盾延续到生活之中。

8.提高修养法。

平时多做一些有助提高修养的事，种种花草，养养鱼，学学书法，练练画，为人会变得谦和有礼，不容易暴躁和动怒。

　　在与他人交往中，好脾气是一个人的名片。当你善解人意，平和大度时，别人就能知道你是一个会调节自己，拥有好心态的人，相比那些动不动就发脾气胡乱生气的人，人们自然更愿意与这样的你交流。

　　如果你是一个爱生气的人，那么不妨按照上述办法改掉自己的坏毛病，只有大气从容、心胸豁达的人才会更受欢迎。

5. 戳人痛处的"毒舌"

语言对于人类来说无比重要，不管是生活还是工作，我们都要与人交流，所以，无时无刻都离不开语言。可是，同样的话，从不同的人嘴里说出来仿佛就有了不同的意思，我们甚至可以说，说话，也是需要技巧的。

俗话说："良言一句三冬暖，恶语伤人六月寒。"一句好听的话，可以让人即使身处寒冬也感到温暖，而一句伤人的话，会让人即使在炎炎盛夏也感到全身冰冷。由此可见，语言的力量有多大，这提醒我们在说话的时候需要把握好分寸，不要说太伤人的话。

但生活中总有人爱说一些伤人的话，甚至以此为荣，觉得这是自己性情直爽的表现，殊不知，这样的人往往并不受欢迎，甚至惹人生厌，人们往往会形容这样的人是"毒舌"。

语言的伤害有时超过肉体的伤害，说出去的话，就如泼出去的水，只要给人造成了伤害，就不可能再收得回来。真正聪明的人，一直都很注重自己的表达，他们绝不会轻易说伤害人感情的话。尤其情商高的人，他们知道每个人都有自己的缺点和优点，在和别人相处过程中，他们总能掌握好分寸，说出通情达理，让人听了觉得舒服顺心的话。而情商低的人则不然，他们说话毫无遮拦没有顾忌，往往伤了人自己还一无所知。

一个刚从战场上回来的士兵，从旧金山给父母打电话，他对父母说："爸妈，我回来了，可是我有个不情之请。我想带一个朋友同我一起回家。"他的父母听后回答："当然好啊！我们会很高兴见到他的。"

士兵听完后，继续说："可有件事我想先告诉你们，他在战场中受了重伤，少了一只胳膊和一条腿，他现在走投无路，我想带他回来和我们一起生活……"

父母还没等他把话说完，就阻止了他继续往下说："儿子，很遗憾，我们不能让他住在我们家。"父亲接着说，

"儿子，希望你能理解我们。像他这样有残疾的人对谁来说都会造成严重的负担。我们也有自己的生活要过，而他的到来必定会破坏我们的生活，所以你还是忘掉他先回家吧。"

儿子听完父母的话后，默默地挂上了电话，父母从此再没能联系上他。

几天后，这对父母接到了来自旧金山警察局打来的电话，说他们的儿子已经坠楼身亡了，经过专家鉴定，认为是自杀。他们听后迅速坐飞机飞往旧金山，并在警方的带领下找到了儿子的遗体。

让他们惊讶的是，儿子居然只有一只胳膊和一条腿。

原来，儿子在电话中说的"朋友"其实就是他本人。儿子因为参加战争落下了残疾，当他从父母的话中得知他们对残疾人的态度极不友好，甚至将其看作累赘时，儿子觉得生无可恋，绝望之下选择了自杀。

故事中的父母没有想到，他们无心的话语，伤到了儿子的自尊心，让他做了极端的事情。

其实，冷言恶语的伤害远胜过拳头。因为拳头只能打在人的肉体上，伤痛很快就可以被治好，而冷言恶语的伤害可以直捣人的心灵深处，让人久久不能忘怀。

在人际交往中，我们会看到这样一些人，他们反应快，口才好，善于抓住别人语言中存在的逻辑漏洞，所以总喜欢揪着别人的这些漏洞不放，与他们辩论，直至把对方辩得哑口无言才满意。虽然表面上看他们占据了上风，但是别人未必就会对他们心服口服，也未必就会因此崇拜他们，相反，还可能觉得他们过于咄咄逼人，而对他们留下极差的印象。

口才好，本来是一件好事，但是这并不能成为你耀武扬威的利器，不然，它只能让你处处树敌，害得你寸步难行。

在别人还不了解你的情况下，人们只能通过你的言行举止来考量你，给你做一个基本的评价。如果你表现得"毒舌"，那别人对你的印象自然会大打折扣，认为你是个刻薄、难以相处的人。

为了避免成为人人避之唯恐不及的"毒舌"，我们要养成向他人学习的好习惯，比如向周围情商高、会说话的人学习，学习他们的表达技巧。同时养成大度、宽容的性格，让人觉得与你交流时没有负担，甚至感到温暖。当别人跟你相处感到轻松愉快时，你的人缘自然也就越来越好。

第四章

情商障碍三：不健康的情绪状态

1. 悲观敏感的自我

叔本华说过这样的话："人生如同上好弦的钟，盲目地走，一切只听命于生存意义的摆布，追求人生的目的是毫无意义的。"在他看来，因为人有意志，所以就会有欲求和渴望，而欲望只会带来痛苦，因此可以说人生本就是充满痛苦的，正因如此，叔本华被看作悲观主义的代表人物。

人生本该是美好的，虽然有时也难免遇到挫折，但不管怎样，悲观都不该成为我们生活的主色调。每个人的情绪都会随着外界的变化而变化，从科学角度来讲，一个人不可能永远都是开心的状态，但也绝不能永远都是悲观的状态。其实，人生到底是永远充满阳光，还是时刻阴云密布，很多时候就取决于你自己。

有一位年老的父亲，他有两个儿子，他们都很可爱。圣诞节来临时，父亲为了考验一下自己的两个儿子，分别送给他们完全不同的礼物。夜里父亲悄悄把这些礼物挂在圣诞树上。第二天早晨，哥哥和弟弟都早早起来，想看看圣诞老人给自己的是什么礼物。哥哥的圣诞树上礼物很多，有一把气枪，有一辆崭新的自行车，还有一个足球。哥哥把自己的礼物一件一件取下来，并不高兴，反而忧心忡忡。父亲问他："是礼物不好吗？"哥哥拿起气枪说："看吧，这把气枪我如果拿出去玩，没准会把邻居的窗户打碎，那样一定会招来一顿责骂。还有这辆自行车，我骑出去倒是高兴，但说不定会撞到树干上，把自己摔伤。而这个足球，我总是会把它踢爆的。"父亲听了没有说话。

弟弟的圣诞树上除了一个纸包外，什么也没有。他把纸包打开后，不禁哈哈大笑起来，一边笑，一边在屋子里到处找。父亲问他："为什么这样高兴？"他说："我的圣诞礼物是一包马粪，这说明肯定会有一匹小马驹就在我们家里。"最后，他果然在屋后找到了一匹小马驹。父亲也跟着他笑起来："真是一个快乐的圣诞节啊！"

乐观的人未必情商很高，但情商高的人即使遇到困难也会保持积极乐观的心境，情商低的人就恰好相反，往往一件小事也会牵动他们脆弱的神经，一旦事情发展与他们预期的不符，就会让他们觉得如临大敌，不知所措，甚至开始悲观失望。

每个人都会经历一些小的失意。有人遇到这些失意时，忧郁不安，悲观自怜，结果更加失意，以致失去了幸福和欢乐。有的人则会轻轻跨过，继续前行。后者不一定是乐观的，但前者一定是悲观的。

改变悲观心理的一个办法是，避免老是看到自己的不足，而应突出自己的优势，重视自己的优势。随着你的积极思维增加，消极思维自然就会减少了。突出优势的另一面是最大限度地削弱失败的影响。尽管无法避免偶尔的失败，但是你可以控制失败对自己的影响，承认失败是生活中的一部分，会使自己的情绪好一些。过分强调失败，只会降低自信，使自己处于沮丧之中。

在一次讨论会上，一位著名的演说家没讲一句开场白，手里却高举着一张20美元的钞票。面对会议室里的二百多人，他问："谁要这20美元？"一只只手举了起来。

　　演说家接着说："我打算把这20美元送给你们中的一位，但在这之前，请准许我做一件事。"他说着将钞票揉成一团，然后问，"谁还要？"这时，仍有人陆续举起手来。

　　演说家又说："那么，假如我这样做又会怎么样呢？"他把钞票扔到地上，又踏上一只脚，并且用脚碾它，随后，他拾起钞票，钞票已变得又脏又皱。

　　"现在谁还要？"演说家接着问。还是有人举起手来。

　　智慧的演讲家给听众上了一堂很有意义的人生课。无论我们如何对待那张钞票，我们还是想要它，因为它并没有贬值，它依旧值20美元。

　　人生路上，我们会无数次地否定自己，会觉得自己似乎一文不值。但无论发生了什么，或将要发生什么，我们永远不会丧失价值，我们依然是无价之宝。所以，不要让悲观占据你的生活，多给自己一点信心，你也可以做得很好。

2. 极度苛求完美

"完美主义"指对己或对人所要求的一种态度。每个人多少都有追求完美的倾向与需要，希望每件事都尽可能地做到完美，在某种程度上，这种倾向是人类追求自我实现与自我超越的动力源泉，能促使人们为自己或某些工作设定较高的目标，并更加努力地去完成它，所以，对我们来说是极为有利的。但是如果对完美过分苛求，事事要求尽善尽美，那就脱离了正常范围，容易给自己和他人带来极大的压力。

苛求完美的人不能忍受所作所为未能达到目标，也不欣赏与肯定自己及他人在努力过程中的付出，并因此经常责备自己与他人，生活中充满不满与批评。

苛求完美的人通常有以下表现：

1.对自己要求苛刻。因为高标准，即使一件事已经完成得很出色，也不能令自己满意，且常归咎于自己，并因此而自惭形秽。

2.对他人要求严格，挑剔，不留情面。如果苛求完美者是一个老板的话，他绝对是一个难伺候的老板。他在挑剔自己的同时，也会让周围的下属感到一种压力，因为他对下属的要求必定也十分严格。

3.善于发现问题。苛求完美的人更容易注意到一些小细节的问题，因为他们喜欢寻根问底，不会只满足于看到的事物表象，所以能发现别人发现不了的问题，但这也同样会成为他们责怪别人的理由。

4.固执己见。苛求完美的人容易坚持自己的标准，认为别人的标准太过宽松；他们也容易坚持自己的想法，不顾他人的意见。

5.控制欲望强，喜欢发号施令。苛求完美的人希望事情都能按他们所设想的走下去，达到他们的目的，所以将一切人和事掌控在自己手里。

苛求完美的人往往不愿意接受自己或他人的弱点和不

足，非常挑剔。比如，让自己随时保持优雅的姿态、不俗的气质、温柔的谈吐，会为一个自认为不优雅的姿态就紧张焦虑，他们意识不到这种心理带有明显的强迫症的特征，是极不正常的。

其实，与苛求完美者表面上的自负、挑剔形成鲜明对比的是他们的内心，他们内心深处往往是非常自卑的。比如，很少看到自己的优点，总是在关注自己的缺点，而且总是不知足，也很少肯定自己。不知足就不快乐，因为情绪是会传染的，这会让周围的人也一样不快乐。所以，学会欣赏别人和自己是很重要的，它是进一步实现下一个目标的基础。

在人际交往方面，为了维护自己这个完美的角色，完美主义者常常生活在一个狭小的圈子中。他们很想可又不敢融入群体中去，怕暴露了自己的缺点。不敢表露自己的感情，不敢表达自己的观点和态度，给自己制定了太多的条条框框，以完美的标准要求自己，带给自己的却只有沉重的压力和深深的自责。对于别人的褒奖，只会感到诚惶诚恐，认为自己还差得很远。违心地满足别人的要求，委屈自己，打肿脸来充胖子。

20世纪七八十年代，在美国心理治疗界发现有这样一类求治者：他们是成功的商人、艺术家、医生、律师和社会活动家，等等，他们在自己的领域如鱼得水，出类拔萃，但他们的努力并未给他们带来所期待的幸福生活。

治疗者发现他们具有这样一些共性：他们的成功既不能给他们带来成就感，也不能带来一个完整、独立的自我感受。他们寻找心理治疗以期给自己的生活带来意义，并克服空虚感。

这类人的自我系统处于分离状态：一方面，当他们获得成功时，他们可以体验欢欣；另一方面，在他们的内心深处却隐藏着深层的无价值感和自卑感。正是这种匮乏导致了他们将无所不能的完美主义倾向当作护身的盔甲。他们抱怨所有的成功都不能给自己带来快乐，没有人理解他们，他们也不能理解自己。

"最完美的商品只存在于广告中，最完美的人只存在于悼词中。"绝对完美永远是可望而不可即的。其实，对于我们来说，有时缺憾未必就是一种遗憾。

有这样一个故事：

　　一个圆环被切掉了一块儿，圆环想使自己重新完整起来，于是就到处去寻找丢失的那一块儿。可是由于它不完整，因此滚得很慢。在此过程中，它可以欣赏路边的花儿，它可以与虫儿聊天，它可以享受阳光。它发现了许多不同的小块儿，可没有一块适合它。于是它继续寻找着。

　　终于有一天，圆环找到了非常适合的小块儿。它高兴极了，将那小块儿装上，然后滚了起来，它终于成为完美的圆环了。它滚得很快，以致无暇注意花儿或和虫儿聊天。当它发现飞快地滚动使得它的世界再也不像以前那样时，它停住了，把那一小块儿又放回路边，缓慢地向前滚去。

　　人生的确有许多不完美之处，每个人都会有或这或那的缺憾。其实，很多时候，没有缺憾我们便无法衡量完美。仔细想想，缺憾其实不也是一种完美吗？

　　小时候曾经听过这样一个故事：

　　国王有七个女儿，这七位美丽的公主是国王的骄傲。她们那一头乌黑亮丽的长发远近皆知，所以国王送给她们每人一百个漂亮的发夹。

　　有一天早上，大公主醒来，一如既往地用发夹整理她的秀发，却发现少了一个，于是她偷偷地到了二公主的房里，拿走了一个发夹。

二公主发现少了一个发夹，便到三公主房里拿走了一个；三公主发现少了一个发夹，也偷偷地拿走了四公主的一个；四公主如法炮制拿走了五公主的发夹；五公主一样拿走了六公主的发夹；六公主只好拿走七公主的发夹。于是，七公主的发夹只剩下九十九个。

隔天，邻国英俊的王子来到皇宫。他对国王说："昨天我养的百灵鸟叼回了一个发夹，我想这一定是属于公主们的，而这也真是一种奇妙的缘分，不晓得是哪位公主掉了发夹？"

公主们听到了这件事，都在心里想：是我掉的，是我掉的。可是头上明明完整地别着一百个发夹，所以都懊恼得很，却说不出。只有七公主走出来说："我掉了一个发夹。"

话才说完，七公主一头漂亮的长发因为少了一个发夹，全部披散了下来。王子不由得看呆了，当场向七公主求婚，最后王子和公主一起过上了幸福快乐的日子。

　　这个故事告诉我们，人不会总是因为全部拥有而幸福，相反也会因失去而美丽。为什么一有缺憾就拼命去补足呢？一百个发夹，就像是完美圆满的人生，少了一个发夹，这个圆满就有了缺憾；但正因缺憾，未来就有了无限的转机、无限的可能性，这何尝不是一件值得高兴的事呢？

　　世界万物皆不完美，没有完美的人，也没有完美的事物。人生总有缺憾，当你凡事苛求时，结果可能只会让自己因沉重的心理负担而不快乐，甚至连原本能享受的快乐也感受不到了。所以，为了让自己生活得更快乐，我们建议极度苛求完美的人试着改变自己。

　　1.学会接受不完美的现实。

　　没有十全十美的人，没有十全十美的事物。这是客观事实，不要逃避，也不要苛求。

　　2.放松对自己的要求。

　　为自己确定一个短期的、合理的目标。目标定得太高，形同虚设，会欲速则不达；目标定得太低，轻轻松松就过关，自身的潜能受到抑制，很不利于自身水平的提高。目标定位的原则是"跳一跳，够得着"。因为目标合理，每次总能接近或超过目标，这样下去，才能培养起成就感和自信心，在以后的学习和工作中才会取得优异的成绩。

3.对"失败"要重新认识。

谁都会遇到失败，不同的只是失败的多少而已。失败并不可怕，可怕的是面对失败的消极态度。"不经历风雨，怎么见彩虹。"应把失败看作自己前进道路上宝贵的经验，相信这一次失败之后一定就是成功。

4.宽以待人。

完美主义者大都是仔细周到的人，但是你要小心，不要总是指出别人的错误，让别人反感和紧张，也不要因为做事不合你的要求就牢骚满腹，尤其是对待你亲近的人。

当然，生活中更多的人可能还没有达到极度完美主义者的苛刻程度，但是他们总是比较挑剔，喜欢因为一些本能做好却被搞砸的小事耿耿于怀，即使知道这样不对，却不知道如何改变，给自己也给身边的人带来困扰。那么，如果有这些问题，又该如何调整自己呢？

我们说，对于每一个健康的人来说，有时感到不愉快、不舒畅，对一些过去的事惋惜和悲伤，这些都是正常的现象，但总的态度都应该是积极的，想得开，放得下，朝前看，才能从琐事的纠缠中超脱出来。假如对生活中发生的每件事都寻根究底，去问一个为什么，那实在既无好处，又无必要，而且败坏了生活的诗意。

这时，你就可以发挥一下"模糊概念"的魔法，告诉自己，有些鸡毛蒜皮的小事，即使弄得清清楚楚，又有什么意义？至于有些并不太重要的事，基本了解也就可以了，更没必要钻进牛角尖，细细考证，吹毛求疵。只有对一些小事"模糊"一些，才能真正品味到生活的乐趣，也才能有充沛的精力去处理大事，进而有所发现，有所领悟。这样，心境也就自然日益变得舒畅起来。

具体说来，当你因为一些小错误指责自己或他人，或者被一些小事困扰而情绪恶劣时，可以这样做：

1.退一步想：一件已经发生的事情，永远无法挽回了。往事已成为历史，它并不因你的焦虑、悔恨和自我折磨而有所改变。

2.改变价值观念：你吹毛求疵，是因为你把许多无足轻重的事看得太重要了。实际情况肯定并非如此。在人的一生中，真正值得重视和谨慎处理的是那些足以改变命运的事件、机遇和挫折。人没有必要处处留神，那只会增加你的负担。

3.自我提问："我可能遇到的最糟糕的事是什么？"这样你会发现自己的吹毛求疵是一种多么可笑的心理。

4.努力忘掉：试一试把一些你认为亟待处理的事搁置一边，努力忘掉它。一段时间以后，这件事也许果真就不那么重要了。时间的长河会淘洗掉许多生活琐事的痕迹，你如果为它付出过多的精力，那么你的生命有很大一部分就被白白浪费掉了。

不少人苛求完美，结果却降低了自己生活的质量，不仅精神萎靡、心境恶劣、疲惫不堪，甚至还因为过于吹毛求疵而变得眼光狭隘、斤斤计较。这样的人因为精神境界有限，时常表现得冷漠、吝啬、苛刻，人际关系自然十分糟糕。为了不做人人讨厌的"挑剔鬼"，我们要学会接受不完美的自己与他人。

有人问一位走红的国际女影星是否觉得自己长得完美。她说："不，我长得并不完美。我觉得正因为长相上的某些缺陷才让观众更能接受我。"能认识到自己有种种不足并能宽容待之的人，可以说是自信的，心态也是健康的。人生并非上帝为人类设计的陷阱，好让祂谴责我们的失败。人生也不是一盘棋，如果走错一步就步步皆错。人生其实就像踢足球，即使最伟大的球星也会在比赛中失误。我们的目标是努力发挥最佳水平，但不能要求自己次次都是妙传甚至射门得分。

醉心于追求"完美"的人，其实是不完美的。因为"完美"毕竟是抽象的，只有生活才是具体的。生活中有不少"完美"并非靠追求就能得到，相反，生活中有许多遗憾是无法避免的。假如我们在心理上战胜了这些，我们的内心就会稳健许多，就会重新感受到生活的乐趣。

3. 过分渴求他人认同

作为社会中的个体，我们需要与他人进行沟通交流，在这一过程中，他人的认同会对我们肯定自我产生重要影响。

心理学上说，任何人在潜意识里都有寻求他人认可的倾向，这是群居生物的基因里联结与维持种群凝聚力的天性。所以说，寻求他人认同是正常的，当然，前提是要把这种需求控制在正常的范围内。之所以这样说，是因为有些人对他人认同会有一种过分的渴求，他们对自己总是抱着怀疑的态度，不管做什么都需要别人的肯定。这些人最关心的不是自己的内心感受，而是"我在你眼中是个什么样的人""在你看来，我这件事有没有做对"。这是他们经常问别人的问题，只有得到了肯定的或正面的答案，他们才会觉得安心，否则，就会惶惶不安。

对他人认同过分渴求其实是心理上缺乏安全感的表现，通常来说，这类人性格都比较敏感，别人的一举一动都会被他们当成是喜欢自己或是讨厌自己的暗示。

但实际上，你越是渴望认同也越有可能得不到认同；你越是渴望理解，就越有可能不被理解，因为此时的你已经失去了独立的自我，而失去自我的人是毫无魅力可言的。

从前，有个年轻人喜欢研究佛理，他自认为熟读经书，通晓一切，因此他非常渴望别人认同他有这方面的天赋。只是，他一直没有得偿所愿。他终其一生都在寻求别人的接纳，最后甚至因此而甘愿出家为僧，可结果还是未能得偿所愿。

许多次师兄弟聚在一起研究讨论佛经时，只要他一加入，愉悦的气氛就消失了。因为他总是不认真听取别人的观点，而是一股脑儿地把自己的想法全部说出来，然后话里话外暗示大家，希望大家能认同自己，师兄弟们对他这种做法很反感，所以渐渐地就疏远了他。

年轻人感到很苦恼，就向自己的师父倾诉，师父对他说："你寻求别人的认同，反而会让自己受苦。或许你可以做自己，与别人相处时不要寻求别人的认同，别人就会更容易接纳你。如果你真的拥有美好的特质和天赋，别人自然会看见。"

年轻人听了师父的话后，慢慢调整了自己的心态，学着与师兄弟正常交流，认真倾听别人说的话，适当的时候才发表自己的看法，而不再像过去一样满心想着表现自己以获取别人的认同，时间久了，师兄弟们终于接纳了他，也肯定了他在研修佛理方面的天赋。

由此可见，比起急切地从别人那里寻求认同感，学会接纳自己，充满自信，才更容易获得别人的肯定。

事实上，如果一个人内心强大，对自己有着正确的认识，就不会去寻求他人的认同，来获得安全感。甚至说不管他人怎样为难自己，都会保持平和的心态，不受到丝毫的影响。

唐代的两大高僧寒山与拾得有这样一段对话。

寒山问拾得："世间有人谤我、欺我、辱我、笑我、轻我、贱我、恶我、骗我，该如何处置？"拾得回答说："只要忍他、让他、由他、避他、耐他、敬他、不要理他，再过几年你且看他。"

拾得的话提醒着我们，强大的内心对我们来说非常重要。那么，要怎样建立起强大的内心呢？你可以试着用下面的方法来进行练习。

1.建立一套属于自己的价值观。

你可以总结自己的人生经历，形成自己对世界独有的认知体系。这样当你的认知越来越贴近生活本质后，你就会变得越来越有信心。不管以后你面对多大的打击，你都能轻松应对。比如你考试失败了，但你对人生的看法是"失败乃成功之母，只要自己坚持努力，下次一定能成功"，那么，你就不会感到灰心失望，更不会找一大堆类似于自己没发挥好之类的理由，让别人来认同你、安慰你，从而获得可怜的安全感。

2.培养一项自己喜欢的业余爱好。

要培养一项能给你带来自我认同的特长，培养一项业余爱好，唱歌、画画、书法，甚至喜欢打扫屋子、吃美食、看电影都可以，只要是你发自内心喜欢的就好。这样，当你面对失败时，就可以通过这些爱好纾解压力，而不是先给自己找个借口，再去别人那里寻求认同。

3.找到自己的一项专长。

提到专长与建立自信的关系，我们先来看一个小故事。

古时候在日本，有一个茶道专家，很喜欢装扮成武士。没想到有一天他在街上碰到了一个真正的武士。

茶道专家看到真正的武士走来，心虚得连忙低下头，快速地从武士身旁走过。武士看到茶道专家惊慌的样子，心想他一定是冒牌武士，于是就对他说："别走，我要和你决斗。"

茶道专家心想，如果跟真正的武士比武，那自己一定会死在武士的刀下，但是自己是一个有名的茶道专家，绝不能死得太难看。于是，他便对武士说："我有一件很重要的事要去办，等办完了这件事，我再来跟你决斗。"

武士答应了他的要求。这位茶道专家找了一位剑道师父说："我是一个茶道专家，根本不会剑术，所以我一定会被杀死的，但是我希望至少能死得像个一流的茶道专家。"

剑道师父听完他的话，对他说："我可以教你，可是，你要先泡一壶茶给我喝。"

茶道专家想，这可能是他这辈子最后一次泡茶了，于是他用了毕生所学，泡了一壶茶给剑道师父。师父喝了之后非常感动，说这是他这一生中喝过的最好喝的茶。

这时，剑道师父告诉茶道专家说："你去决斗的时候，保持你泡茶的样子就可以了，因为这是你最优美的姿势。"茶道专家听了剑道师父的建议，面对武士时便不再心虚了，并且将本身的尊严全部展现出来。

武士看到茶道专家的气势大受震慑，便要求中止两人的决斗。

故事中的茶道专家因为对自己的专业产生了信心，所以才能不战而屈人之兵，以他的自信震慑住了对手。生活中，我们每个人都有自己所专长的东西，只要将你在专长上的信心，用来工作、学习、处理各种事务，你就会发现，你不再需要依靠别人的评价而活着了。

每个人都喜欢与优秀、有独立自我的人交往，如果你在生活中是个缺乏自我意识，总是需要向他人寻求认同才能好好生活的人，那么只会让你身边的人感觉到负担，从而远离你。记住，只有找到自我、自信的人在人际交往中才更有魅力。

4. 整天疑神疑鬼

生活中我们常会碰到一些猜疑心很重的人，他们总觉得别人在背后说自己坏话，或给自己使坏，甚至看到别人说笑，便以为是在议论自己，心里就不痛快。喜欢猜疑的人特别注意留心外界和别人对自己的态度，别人脱口而出的一句话，他们很可能琢磨半天，试图发现其中的"潜台词"。这样的人势必不能轻松自然地与人交往。久而久之，不仅自己心情不好，也会影响到人际关系。没有人喜欢和猜疑心重的人交往，猜疑甚至会破坏你的友情、爱情和亲情，其影响力是巨大的。

一个小镇商人有一对双胞胎儿子。当这对兄弟长大后，就留在父亲经营的店里帮忙，直到父亲过世，兄弟俩接手共同经营这家商店。

生活一切都很平顺，直到有一天店里丢失了1美元，兄弟俩之间的关系开始发生变化。那天，关店结账时，哥哥发现少了1美元，他问弟弟："你有没有动收银机里面的钱？"

弟弟回答："我没有。"但是哥哥对此事一直耿耿于怀，咄咄逼人，不愿罢休。

哥哥说："钱不会自己长了腿跑掉的，我算过好几遍，不会弄错的。"语气中隐约地带有强烈的质疑意味，手足之情出现了严重的隔阂。

双方开始冷战，后来他们决定不再一起生活，于是在商店中间砌起了一道砖墙，从此分居而立。

20年过去了，敌意与痛苦与日俱增，这样的气氛也感染了双方的家庭。

之后的一天，有位开着外地车牌汽车的男子，在哥哥的店门口停下。他走进店里问道："您在这个店里工作多久了？"哥哥回答说他这辈子都在这店里服务。这位客人说："我必须要告诉您一件往事：20年前我还是个不务正业的流浪汉，一天流浪到您这个镇上，已经好几天没有吃东西了。我偷偷地从您这家店的后门溜进来，并且将收银机里面的1美元取走。虽然时过境迁，但我对这件事情一直无法忘怀。1美元虽然是个小数目，但是我深受良心的谴责，我必须回到这里来请求您的原谅。"

说完原委，这位访客很惊讶地发现店主已经热泪盈眶，并语带哽咽地请求他："你是否能到隔壁商店将故事再说一次呢？"当这陌生男子到隔壁说完故事以后，他惊愕地看到两位面貌相像的中年男子，在商店门口痛哭失声、相拥而泣。

20年的时间，怨恨终于被化解，兄弟之间存在的对立也因而消失。可是谁又知道，20年猜疑的萌生，竟是源于区区1美元的消失。

生活中哪怕是一点点猜疑，也可能让你失去最珍贵的东西，甚至让你后悔不迭。也许很多犯疑心病的人都会说，我也不想整天疑神疑鬼，可是就是控制不住自己。那么，猜疑到底是怎么产生的？或者说，是什么原因导致了猜疑心理的出现呢？

1.喜欢猜疑的人心理不够健康。他们常常会歪曲别人善意的、正常的言行。例如别人赞扬他，他会怀疑是在挖苦、讥讽他；别人批评他，他会怀疑是攻击他；别人不理他，他又怀疑别人是在孤立他。狭窄的心胸使他无法容纳别人对他的正确评价。

2.喜欢猜疑的人大都思想过于主观。他们戴上"有色眼镜"去观察人，用别人的举动来验证而不是修正自己的看法，因而常常歪曲事实，对别人产生怀疑。

3.喜欢猜疑的人大多缺乏自信。他们总要以别人的评价来作为衡量自己言行的是非标准，很在乎别人的说长道短。而当别人的态度不明朗时，他们往往会从不利于自己的方面去猜疑，自寻烦恼。

此外，还有一个因素会导致猜疑心理产生，那就是不做调查分析而随意听信流言。

猜疑似一条无形的绳索，会捆绑我们的思路，使我们远离朋友。如果猜疑心过重，就会因一些可能根本没有或不会发生的事而忧愁烦恼、郁郁寡欢。无论对人对己，都极为不利，所以，我们要想办法克服这种心理。

1.进行积极的自我暗示。

当自己正想猜疑或已陷入猜疑时，可暗示自己：他们这样做是为了我好，他们的行为是善意的，并无恶意，是我多虑了，我应该向他们表示感谢。

2.进行思维转移。

当自己胡思乱想，瞎猜疑时，可转移思维去想其他美好的人和事物，这样对人会好些。

3.坚持"责己严，待人宽"的原则。

猜疑心重的人，大多对自己要求不高，对别人倒多少有些苛求。如果对别人的要求不那么高，就不会把别人的言行变化看得那么严重，许多无端猜疑就从根本上失去了产生的基础。

4.用理智克制冲动情绪的发生。

当发现自己开始怀疑别人时，应当立即寻找产生怀疑的原因，在没有形成思维之前，引进正反两个方面的信息。现实生活中许多猜疑，戳穿了是很可笑的，但在戳穿之前，由于猜疑者的头脑被封闭性思路所主宰，会觉得自己的猜疑顺理成章。此时，冷静思考显然是十分必要的。

5.培养自信心。

每个人都应当看到自己的长处，培养起自信心，相信自己会与周围人处理好人际关系，会给别人留下良好的印象。

6.学会使用"自我安慰法"。

告诉自己，一个人在生活中，遭到别人的非议，与他人产生误会，没有什么值得大惊小怪的，不要在意别人的议论。这样不仅解脱了自己，而且还取得了一次小小的精神胜利，产生的怀疑自然就烟消云散了。

7.及时沟通，解除疑惑。

猜疑者生疑之后，冷静地思索是很重要的，但冷静思索后如果疑惑依然存在，那就该通过适当方式，同被疑者进行推心置腹的交心。若是误会，可及时消除；若是看法不同，通过谈心，各自的想法为对方所了解，也有好处；若真证实了猜疑并非无端，那么，心平气和地讨论，也有可能使事情解决在冲突之前。

总之，爱猜疑的人首先应从自身着手，培养开朗、大度的性格，当你拥有豁达的心态后，你就会发现自己没有之前那么在意别人的看法了，人际关系也变得更加融洽了。

5. 把抱怨当成了常态

俗话说，天有不测风云，人有旦夕祸福。人生不如意事十之八九，当遇到不顺心的事情时，很多人喜欢跟亲朋好友抱怨，以发泄不满情绪。适当的抱怨的确能对人的心情起到舒缓调节的作用，然而有些人却把抱怨当成了日常习惯，随便一件小事也能让他抱怨个没完没了，让周围听到的人也受他们感染，变得不开心起来。

郑坤是单位新来的同事，他刚到单位的时候，大家都对他很友好，出去聚餐或是游玩都叫上他，可随着与他接触的时间越来越长，大家发现，他这个人简直负能量爆棚，无论什么事只要不合心意就能让他抱怨半天，旁边听着的人都觉得好累。

　　跟他工位相邻的张彤是直接受害者，拿张彤的话说，我耳朵都快被他的抱怨磨起茧子了：工作完不成抱怨领导给定的任务太多，不体恤下属；自己上班迟到了抱怨公司上班时间不能挪到九点，自己早上起不来；中午去食堂吃饭没打到自己喜欢的菜，抱怨食堂人多打菜窗口少；抱怨路况、抱怨住房、抱怨室友、抱怨朋友……张彤说，就因为坐得近，我简直就成了他的垃圾桶了。

　　有一个周末，大家商量出去散心，选来选去，最后决定去近郊烧烤、然后打球。结果那天天气特别热，路上还有些堵车，大家都觉得有些饿了，可距离目的地还有很远，于是郑坤又开始抱怨：抱怨太阳太晒，这种天出来就是受罪；抱怨组织者计划不周，挑地方就不能提前查查周围路况吗……周围的人都被他弄得烦躁不已，就连之前心态很好的同事也开始觉得窗外的景色失去了看头，最后到了目的地，大家也都觉得没了兴致。类似的事情不只发生了一次，后来，同事间再有活动都没人叫他，他渐渐地被同事们疏远了。

　　其实，喜欢抱怨的人并不快乐，也经常会给周围人带来烦恼和压力，那为什么他们还爱抱怨呢？

通过调究，心理学家总结出爱抱怨的人身上往往具有以下特征：

1.不合理的期望。抱怨最直接的诱因是对现实生活中的环境不满。他们内心有一个标准或期望值，当外界的变化与自己的期望有落差时，他们因为不能随着环境的变化而改变自己的标准，所以往往感到痛苦，需要用抱怨的方式来发泄心中的不满。

比如很多因循守旧的人之所以爱抱怨，就是因为他们总爱坚持用过去的价值观和生活方式来面对当下的生活，不能学会欣赏并接受新事物、新变化。当外界环境变化时，他们无法适应，感到被社会遗忘，时间久了就养成了抱怨的习惯。

2.缺乏自信和行动力。抱怨别人是一件相对容易的事情，因为把过错推到别人头上，自己就仿佛没有责任了。事实上，一个不敢承认自己缺点和失败的人，只能说明他缺乏自信和行动力。

过多抱怨只会使人失去自我完善和发展的机会，甚至会陷入越抱怨越失败的恶性循环中。如果你想让自己变得优秀，就应该停止抱怨，树立信心，以顽强拼搏的精神面对生活中的每一个挑战。

3.不当的情感表达。喜欢抱怨的人常常把抱怨当作表达情绪的一种方式，比如父母抱怨子女工作太忙太拼命，其实是想表达对子女的挂念；妻子抱怨丈夫不顾家，其实是希望他能多陪陪自己……可惜被抱怨的人并不总能听懂抱怨背后的情感，他们很容易将抱怨理解为批评指责，然后针锋相对，最后演变成一场"战争"。

从某种角度上来说，抱怨只是为让自己心安。这种抱怨是自私的，它将自己的压力强加于别人身上，强迫对方与自己一起分担，于是给别人也带来了不愉快的心理体验，而这样的人，必定是人人敬而远之的。

其实生活中的很多事情并没有你想象的那么糟，牢骚满腹者，不妨转换一下心情，让乐观主宰自己，心情肯定会一下子好起来。

中国著名的国画家俞仲林擅长画牡丹。有一次，某人慕名要了一幅他亲手所绘的牡丹，回去以后，高兴地将画挂在客厅里。

此人的一位朋友看到了，大呼不吉利，因为这朵牡丹没有画完全，缺了一部分，而牡丹代表富贵，缺了一角，岂不是"富贵不全"吗？

此人一看也大为吃惊，认为牡丹缺了一边总是不妥，拿去预备请俞仲林重画一幅。俞仲林听了他的理由，灵机一动，告诉要画的朋友，既然牡丹代表富贵，那么缺一边，不就是富贵无边吗？

那人听了他的解释，觉得有理，又高高兴兴地捧着画回去了。

同一幅画，因为看的人不同，便产生了不同的看法，这就是不同心态所起的作用。

生活中有许多人，不管面对什么样的困境，他们从来都不会说抱怨消极的话。相反，他们总能寻找希望和勇气，积极努力，战胜一切困难。同时，他们也能用幽默轻松的话语去诠释生活中的苦难，让人觉得和他们相处起来温暖又开心。我们应该向他们学习，停止抱怨，增强自己在人际交往中的魅力，让自己的工作和生活都能愉快地正常运转。

第五章

情商障碍四：严重依赖他人

1. 总是害怕一个人

你是否无法忍受孤身一人？无论是在生活中还是工作中，你不敢一个人做任何事，总要拉着别人在一起，你才感到安心。吃饭、穿衣、出行，无论何时，只要没人陪伴，你就觉得惶惶不安。如果你是这样的人，那就说明你性格中有严重的依赖性。

从心理学的角度来看，很多害怕独处的人都有孤独恐惧症和社交恐惧症的倾向。究其原因，这些人童年中可能或多或少有过被抛下的经历，这种抛弃未必都是有意的，比如，因为父母工作忙，幼小的你不得不一个人独自待在家里；或者出去游玩时，因为乱跑而迷路找不到父母，等等。

每个人都有独处的时候，只要不影响你的正常生活和工作，这并没有什么坏处。相反，独处有时还会是一种精神上的享受，它能给你带来宁静的力量。

独处是一个人的一项能力。美国超个人心理学代表性人物肯·威尔伯曾把一个人的社交分为三种状态：交心状态，半交心状态，不交心状态。其中，他把独处分为充实性独处，匮乏性独处，及介于两者之间的状态。肯·威尔伯同时指出一个人的生活质量取决于"交心状态"与"充实性独处"所占的比例。

由此可见，独处对一个人来说影响不可谓不大。

事实上，每个人都应有自己独立的空间。你过多向别人索求陪伴，也是在浪费别人的时间。时间久了，别人感觉到不自由，也会自动地远离你。

如果长期以来，你害怕独处，不知道怎样改善这个问题，那么从现在开始，试着让自己学会面对，尽管这个过程可能会有些艰难，但只要你能坚持就一定会成功。

比如每次独处时，你可以先静坐一分钟，然后转向自己的内心，在心底默默地问自己，我在想什么？我现在想做什么？得到答案后，马上动手去做你想做的事，完成之后，给自己一点奖励，然后接着询问自己想做什么，继续去做，做完再给自己点奖励，以此类推，当时间不知不觉过去，你就会发现自己一个人也能做完很多想做的事，这会给你带来成就感，激励你继续享受独处的时光。

你还可以尝试一次短期的独自旅行，地点可以选择离自己很近的地方，比如近郊，或是相邻的城市，在这个过程中你可能会遇到无数的问题，但同时这也能锻炼你解决问题的能力。将这种能力迁移，你就能学会一个人面对生活。

记住，不要将独处等同于孤独，它应该是我们对内心的一种修炼过程。一个人只有愉悦自己了才能愉悦别人，为了让自己能够在与他人交往中显得有魅力，我们应该从内心深处明白，学会独处，不依赖他人，做一个能独立面对生活的人对我们来说是无比重要的。

2. 缺乏自理能力

　　曾经看到过一则新闻，说的是有个学生考取了录取率极低的某外国名校的留学生，但该学生一想到出国后没人给他洗衣，没人照顾他的生活就感到恐惧，最后只好放弃出国机会。

　　小时候还听过这样一个故事：一对夫妇晚年得子，十分高兴，把儿子视为心肝宝贝，捧在手上怕摔了，含在口里怕化了，什么事都不让他干，以致儿子长大以后连基本的生活也不能自理。一天，夫妇要出远门，怕儿子饿死，于是想了一个办法，烙了一张大饼，套在儿子的脖子上，告诉他想吃时就咬一口。可是等他们回到家里时，却发现儿子已经饿死了。原来他只知道吃脖子前面的饼，不知道把后面的饼转过来吃。尽管这个故事讥讽有些刻薄，但现实生活中类似的现象也不能说没有，特别是如今的很多家庭中，孩子都被父母、爷爷奶奶、外公外婆视为宝贝，孩子的日常生活严重依赖亲人，造成长大以后生活自理能力极差。

依赖，是心理断乳期的最大障碍。随着身心的发展，你一方面比以前拥有了更多的自由度，另一方面却要担负起比以前更多的责任。而很多人因为缺乏生活上的自理能力，事事依赖他人，时间久了，这种依赖就转移到了精神上，变成了现实生活中的"巨婴"。

小格最近感到很痛苦，因为相恋六年的男友和她提出了分手，理由是：我不想在每天工作压力这么大的情况下，还要照顾一个年龄24岁，心理年龄却只有4岁的大孩子，这样的日子太累了。

小格和男朋友是在大学时认识的，小格是家里的独生女，从小娇养着长大，衣来伸手饭来张口，虽然早就成年了，但自理能力很差。好在那时候大家都是学生，没有太大的经济压力，空闲时间也很多，所以男友还是有精力照顾她的。

整个大学四年间，男友几乎充当了小格的保姆，给她打饭，陪她买衣服，帮她洗衣服，替她管理生活费，放假时给她买车票送她回家……虽然男友有时也觉得小格这样下去不是办法，可每次一说让小格自己干点什么，她就眼泪汪汪，说自己不会，男友一次又一次地妥协了。

毕业后，男友和小格留在了同一个城市，而小格上班没多久，就觉得自己不大适应上班族的生活，辞职在家依然依靠父母给生活费度日，同时还保留着事事依赖男友的习惯：每天要给男友打无数个电话，让男友替自己拿主意看早、午餐吃什么，出去逛街看见了新衣服，让男友帮自己看看该买哪件；男友加班，她因为不敢一个人回家，刚开始就在男友公司楼下等，被男友劝了几次之后，终于不在楼下等了，可每次男友加完班后筋疲力尽地推开家门，就会看见小格红着眼睛坐在沙发上，说自己害怕，不想一个人在家，而且这时候的她往往还没吃晚饭。

男友在外企工作，工作强度很大，压力也大，可是每天还要应付小格数不清的电话，替她安排日常生活中的一切琐事，平时偶尔休息，还要洗衣服，打扫房间，不然就要请家政替自己和小格收拾屋子，这样的生活让他不堪重负，最后，直接对小格提出了分手。

很多像小格一样缺乏自理能力的人主要的表现就是缺乏自信，他们放弃了对自己的支配权，总觉得自己能力不足，甘愿置身于从属地位。有这种心理的人，总认为自己难以独立，时常祈求他人的帮助，处事优柔寡断，遇事指望身边的人能为自己做决定。具有依赖性格的人，如果得不到及时纠正，发展下去有可能形成依赖型人格障碍。依赖性过强的人需要独立时，可能对正常的生活、工作都感到很吃力，内心缺乏安全感，时常感到恐惧、焦虑、担心，很容易产生焦虑和抑郁等情绪反应，影响身心健康。

那么，人为什么会在对别人的依赖中迷失自己呢？以孩子为例，对子女过度保护或专制的家长，一切为子女代劳，他们给予子女的都是现成的东西，孩子头脑中没有问题，没有矛盾，没有解决问题的方法，自然时时处处依靠父母。对子女过度专制的家长一味否定孩子的思想，时间一长，孩子容易形成"父母对，自己错"的思维模式，走上社会也会觉得"别人对，自己错"。换言之，依赖使得他们失去了独立思考、独立行动、增长能力、增长经验的机会，所以也就无法找到自我。

如果你不想一辈子都依靠别人过活，就要试着改变、克服自己的依赖心理，你可试着从以下几个方面着手：

1.要充分认识到依赖心理的危害。要纠正平时养成的习惯，提高自己的动手能力，不要什么事情都指望别人，遇到问题要作出属于自己的选择和判断，加强自主性和创造性，学会独立地思考问题。独立的人格要求独立的思维能力。

2.要在生活中树立行动的勇气，恢复自信心。自己能做的事一定要自己做，自己没做过的事要多锻炼，正确地评价自己。

3.丰富自己的生活内容，培养独立的生活能力。

4.多向独立性强的人学习。多与独立性较强的人交往，观察他们是如何独立处理问题的，向他们学习。同伴良好的榜样作用可以激发你的独立意识，改掉依赖这一不良性格。

很显然，没有人能真正一辈子事事依靠他人，只知依赖他人的人不能解决问题，反而会让问题越积越多，不论是身体层面还是精神层面，缺乏自理能力只会让你成为一个人人嫌弃的"拖油瓶"，无法赢得别人的尊重与喜欢。

　　所以，如果你是一个自理能力很差的人，那就要尽早摆脱依赖心理，尝试着独立，我们相信，只要你能下定决心，并付诸努力，就能早日摆脱依赖性，成为一个散发自信与独特光芒的个体。

3. 喜欢人云亦云

生活中，一个人有没有独立思考能力是很重要的。历史上，凡是成大事者几乎都有勤于思考的习惯，他们总是善于发现问题、解决问题。从古至今，那些改变人类文明的科学技术、文化创造也都与人们的独立思考有关。

可以说，任何一个有意义的构想和计划都出自独立思考。能够独立思考的人遇事不会人云亦云，喜欢经过自己的思考后再做决定，而缺乏独立思考能力的人遇事则毫无主见，不愿自己动脑思考问题，凡事都喜欢附和他人的意见。

蒋虹是朋友中出了名的"应声虫"，大家之所以这么称呼她，是因为她平时无论做什么都毫无主见，别人说什么就是什么，在公司，开会时她从不发表意见，实在躲不过去就说我同意×××的说法，平时大家出去玩儿，吃什么喝什么也全凭大家做主，她跟着选一样的就好，如果大家意见不统一时也没法让她做裁判，因为她最喜欢说的话就是"我都行"。这样的事情发生多了，大家就习惯性地无视了蒋虹的个人想法。

有一次，大家约好一起去吃火锅，蒋虹有事要来得晚一些，因为平时吃饭蒋虹也几乎不发表意见，所以也没有人想到要事先问问蒋虹有没有忌口，就点了麻辣锅底。等到吃了一半，蒋虹才到，大家招呼她赶紧入座，可是，饿坏了的蒋虹急急忙忙提起筷子时，才发现桌子上是自己从来不吃的麻辣锅。蒋虹很委屈，头一次没有附和别人，说你们干吗不点鸳鸯锅，我从来不吃辣的啊。大家也都觉得很尴尬，因为一起出来吃过这么多次饭，别人的喜好大家都记得很清楚，唯独忽略了蒋虹，而且，因为习惯使然，也没人想到点菜之前要去问问蒋虹的意见。

其实，蒋虹被朋友们忽略的原因就在她自己身上，不是大家不关心她，而是她平日几乎没有主见的行为使得她的存在感极低，所以，没有人想起要征求她的意见。

　　事事顺从他人只会让你越来越软弱无能。要想让别人重视你，在意你，你要学会珍视自己，把自己的命运交给自己，挺起脊梁做自己力所能及的事，生命的价值自然会从中体现出来。

　　一个生长在孤儿院的男孩常常悲观而又伤感地问院长："像我这样没人要的孩子，活着究竟有什么意思呢？"

　　有一天，院长交给男孩一块石头，说："明天早上，你拿这块石头到市场上去卖。记住，无论别人出多少钱，绝对不能卖。"第二天，男孩蹲在市场的角落，意外地有许多人向他买那块石头，而且价钱愈出愈高。回到孤儿院里，男孩兴奋地向院长报告。院长笑笑，要他明天把这块石头拿到黄金市场去叫卖。在黄金市场，竟有人开出比昨天高十倍的价钱要买那块石头。

　　最后，院长叫男孩把石头拿到宝石市场上去展示。结果，石头的身价比前一天又涨了十倍。由于男孩怎么都不卖，这块石头竟被传为"稀世珍宝"。

　　生命的价值就像这块石头一样，在不同的环境下就会有不同的意义。一块不起眼的石头，由于你的珍惜、惜售而提升了它的价值，被说成稀世珍宝。我们每个人不都像这块石头一样吗？

想要体现生命的价值，首先要做的就是学会独立思考，这不仅是每个个体所需要的能力，也是这个社会最为重视的能力之一。

比尔·盖茨从小就拥有独立思考的能力。在他小的时候，当母亲叫他吃饭时，他像没听到一般待在自己的卧室里不出来。母亲问他在做什么，他会回答说在思考，甚至有时他还会反问家人："难道你们从不思考吗？"

直到现在，微软公司还流传着这样一种说法："和大多数人谈话就像从喷泉中饮水，而和盖茨谈话却像从救火的水龙头中饮水，让人根本应付不过来，他会提出无穷无尽的问题。"

可以说，比尔·盖茨能有今天的巨大成就，与他从小养成的善于思考的习惯是密不可分的。

那么，如果想提高自己的独立思考能力，有哪些方法呢？我们可以参考下面的方法来练习。

1.摆脱现成的答案。遇到问题的时候，不要习惯性地去书上或者网络上找现成的答案，而要强迫自己静下心来想想，尝试用自己的思维方式找到解决方法。

2.接受矛盾的观点。当自己想到了与以往不一样甚至有矛盾的观点时，要学会接受，并且去试着了解更深层次的东西，比如可以通过看书学习接触自己以前从未了解的领域。

3.换个角度看问题。学会用欣赏的角度，或者从另一个角度看问题，把大脑里所有的想法都勇敢地想一遍，最后再认真分析，得出自己理想的答案。

4.接触不同的圈子。比如不要总去相同的场所吃相同的食物，不要总和相同性格的人来往，不要总看同一类型的书。试着打开自己的好奇心，接触不同事物，给自己的大脑充电，学习新的知识。

除了上面讲的几点外，你还可以试着去发现和研究生活中别人忽略掉的问题，试着去找证据，通过大量的推理和分析，得出与他人不一样的结论。

从小处上说，独立思考能让你学会分析问题和解决问题，从而提高你的情商水平，让你身边的人更加喜欢你。从大处上来说，它会让你渐渐地学会创新，比普通人更有竞争能力，让你在职场和生活中都走得更远。所以，如果你有习惯性听从别人意见的习惯，那就应该立即行动起来，让自己早日成为一个有独立思考能力不依赖他人的人。

4. 跌倒了，自己爬不起来

容易依赖别人的人对自己没有清醒的认识，遇到事情时，自己还没思考，就希望别人能帮忙出主意，而这样的人一旦遇到较大的挫折，便容易被磨难打倒，很难再从挫折中走出来。因为他们总是期待能有一双手把他们拉出来，有一个人能帮助他们，因为缺乏独立能力，他们永远不可能自己站起来，可他们却没有意识到，那双手、那个人不可能永远在你需要的时候出现。

一位农夫在野外受到了兀鹰的攻击，秃鹰猛烈地啄着他的双脚，将他的靴子和袜子撕成碎片后，便狠狠地啄起农夫的双脚来了。

这时有一位绅士经过，看见农夫如此鲜血淋漓地忍受痛苦，不禁驻足问他："为什么要受兀鹰啄食呢？"

农夫回答："我没有办法啊。这只兀鹰刚开始袭击我的时候，我曾经试图赶走它，但是它太顽强了，差点抓伤我的脸颊，因此我宁愿牺牲双脚。啊，我的脚差不多被撕成碎片了，真可怕！"

绅士说："你只要一枪就可以结束它的生命呀。"

农夫听了，尖声叫嚷："真的吗？那么你助我一臂之力好吗？"

绅士回答："我很乐意，可是我得去拿枪，你还能支撑一会儿吗？"

在剧痛中呻吟的农夫强忍着撕扯的痛苦说："无论如何，我会忍下去的。"

于是绅士飞快地跑去拿枪。但就在绅士转身的瞬间，兀鹰突然拔身冲起，在空中把身子向后拉得远远的，以便获得更大的冲力，接着它如同一根标枪般，把它的利喙刺向农夫的喉头，深深插入，农夫还未能等到绅士的救援就倒地身亡了。

这个故事告诉我们，不要等待别人解决你的痛苦，只要愿意，你可以自己解决痛苦。你是自己命运的主人，抱怨和忍耐都是徒劳的。只要你想摆脱，就一定有办法，只是你没有找到罢了。

我们先来看一个人的简历。

1818年（9岁），母亲去世。

1831年（22岁），经商失败。

1832年（23岁），竞选州议员落选。

同年（23岁），工作丢了。想就读法学院，但未获入学资格。

1833年（24岁），向朋友借钱经商。

同年年底（24岁），再次破产。接下来，他花了16年的时间才把债还清。

1834年（25岁），再次竞选州议员，这次他赢了。

1835年（26岁），订婚后即将结婚时，未婚妻死了。

1836年（27岁），精神完全崩溃，卧病在床六个月。

1838年（29岁），争取成为州议员的发言人，没有成功。

1840年（31岁），争取成为选举人，落选了。

1843年（34岁），参加国会大选，也落选了。

1846年（37岁），再次参加国会大选，这回当选了。

1849年（40岁），寻求国会议员连任，失败。

1854年（45岁），竞选美国参议员，落选。

1856年（47岁），在共和党内争取副总统的提名，得票不足100张。

1860年（51岁），当选美国第16届总统，成为历史上最伟大的总统之一。

熟悉世界史的人对这份简历大概不会觉得太陌生，没错，拥有这份简历的人就是林肯。为什么林肯即使遭遇了那么多挫折，也依然能取得成功呢？其实，就是因为他意志坚定，相信自己，不管遇到什么磨难，都绝不会被打倒。

人活一世，每一个人都经历过失败，只有经历了失败，才会变得成熟，才能学会成长，从某种意义上说，你所经历的失败对你而言并不是真正意义上的失败，只有被失败打倒，再也站不起来的人，才叫真正的失败。

泰戈尔曾经说过："顺境也好，逆境也好，人生就是一场对种种困难无尽无休的斗争，一场以寡敌众的战斗。"这提醒我们，要勇敢面对人生的风雨，不能因为一时的逆境，就裹足不前。

记得一本杂志曾经刊登过这样一则故事：

甲、乙、丙三人约好一起去登山。甲在刚刚起步时放弃了，因为他觉得太累了。而乙呢？在途中放弃了，他的理由和甲一样，说又累又苦，早放弃早轻松。

只有丙一个人坚持着，经过无数次的努力后，他成功登上了山顶，很开心地看到了最美的风景！

第二天，三人相遇了，甲和乙问丙："你是不是后来也放弃了？"丙笑着回答："我没有放弃，我咬牙坚持爬到了山顶！"

甲和乙听后嘲笑丙，说他真笨，与其去爬山还不如在家吃冷饮看电视。丙笑着没有说话，但心底却说：虽然登山的过程是有些辛苦，但是山顶最美的风景却是你们永远也看不到的！

这个故事告诉我们这样一个道理，我们只有看准目标，咬牙坚持，通过持之以恒的努力才能看到最美的风景！

同样的道理，生活也好，事业也罢，不管在哪个领域，你只有坚持不懈，不放弃，不半途而废，才有可能成功！

情商高的人都有着强大的自我激励能力，他们往往能够依据活动的目标，调动、指挥情绪的能力，使自己无论面临怎样的困境，都能鼓起勇气，坚持到底，走出生命中的低潮，迎来最后的胜利。

"锲而舍之，朽木不折；锲而不舍，金石可镂。"挫折，就是上天给你的礼物。只要你能接受这个礼物，勇敢地跨过当下的难关，那么等待你的一定就是美丽的彩虹。相反，如果你遇见挫折时，一蹶不振，被轻易击败了，那么成功就注定要与你无缘了。

你要坚信一个道理："世上无难事，只要肯登攀。"在追求成功的路上，就算摔倒无数次，跌倒无数次，也要拍拍身上的泥土，不顾疼痛，擦干眼泪，继续拼搏！只有这样，你才有成功的机会，也只有这样你才能勇敢战胜懦弱的自己，成为意志坚定的强者。

第六章

情商障碍五：糟糕的人际关系

1. 一开口就让人不喜欢你

前文中，我们提到情商通常包含以下方面的内容：自我觉察能力、情绪控制能力、自我激励能力、控制冲动能力以及人际公关能力。而情商低的人，往往在上述几项能力中评分较低，甚至不具备这些能力。经心理学家调查发现，情商低的人至少缺乏两样能力：无法清楚认知他人情绪的能力；不善于协调人际关系的能力。正因如此，他们往往不懂照顾别人的情绪，常常由着自己的兴趣，不分场合、不分对象乱说话，甚至得罪了别人也不知道。

洪峰自从来单位后，就很不受同事的待见。同事们都说他是个情商低的人，不愿意与他做朋友。最让同事们反感的是，他经常在别人面前乱说话，发表一些别人听后很不舒服的观点。

比如同事玩游戏玩得开心的时候，他会说："这么弱智的游戏你也玩？你不觉得你很幼稚吗？"同事打算去某地旅游，他会说："那地方没意思，根本没什么好看的，去了也是浪费时间……"总之，无论别人说什么，他都会站出来打击别人，讲出一连串理由来，仿佛他无所不知，别人什么事情都要听他的才行。

但实际上不管他说得对不对，大家都不想听，只要一看到他出现，就一定会躲得远远的。在他看来，只有他喜欢的，才是"有意思的"，别人喜欢的都是"没意思"的。所以同事们都觉得和他的思维水平不在一条直线上，与他交流简直是对牛弹琴。

人与人交流，最重要的就是彼此间能有共鸣。你说的我能懂，我说的你也懂，我们互相把内心的话真诚地讲出来，共同探讨，共同愉悦，这才是沟通的价值所在。如果别人与你交流感受不到温暖和快乐，谁还会浪费时间，愿意与你多费口舌呢？别人是来跟你分享一件事情，不是要跟你讨论什么大道理，你随口一句话，毫不负责地就把别人付出的心血给抹掉了，他会感到开心吗？这样的交流，换做是你，你会喜欢吗？

每个人的价值观不同，生活经验也大有不同。有些事情在你看来觉得"没意思"，可在别人看来却非常有趣味。所以，与人交流相处，得尊重和理解别人，不能随意贬低别人的喜好。毕竟，兴趣爱好没有高低贵贱之分。

当然，情商低的人在生活中还存在这样一种情况，就是经常歪曲别人的意思，误以为别人是在向自己炫耀，于是一定要压制住对方。比如：别人跟他分享了一件事，他却要说出另一件事来跟别人比，一定要胜过别人，让别人尴尬，他才肯罢休。

我们常常会发现身边有这样的人，当你跟他说"这家餐厅装修真让人感觉雅致舒服"时，他听后立刻回你："这算什么，隔壁那家装修得更好，光是装修费就花了几百万呢。"

当你高兴地跟他说："我前段时间去泰国旅游了，是一场回味无穷的旅行。"结果他回道："你才去一个国家怎么了？我都去了七八个国家旅游了呢！"

你看，你和他分享一件事，本来只是想分享一下心中的喜悦，并不是在跟他炫耀。但他却感觉到自己受了伤，不能平静对待，需要立刻拿另一件事来压你。

"话不投机半句多"，与这样的人说话会让你原本的好心情瞬间荡然无存，即使还有很多话要说，你都会硬生生地吞回去。

试想一下，如果你一开口就让人不舒服，谁会喜欢你呢？

当别人在和你说话时，你恨不得告诉所有人你见过世面，要抢别人的话题，要暗示别人"你没见过世面"，把别人的自尊心不当一回事，那别人打心底里不待见你，也只能怪你自己了。

无论何时，我们都该记住，与人交流的第一要点就是要尊重别人。就算你真的很厉害、很聪明，也不该炫耀，而是要抱着倾听、吸纳的心态去与人交流，这既是因为"尺有所短，寸有所长"，也是因为没人喜欢被别人蔑视的感觉，当你说什么话都透露着一股"别人都是废物"的味道，你再怎么聪明和优秀，别人都没有兴趣再听下去。

总之，生活中要想拥有好的人缘，就得从会好好说话开始下功夫，要时刻提醒自己，养成尊重对方，不要不分场合乱说话。只有在与他人交流时让人感受到你的友好，对方才会有继续和你交流的欲望。

2. 对别人的生活指手画脚

　　每个人的人生都是独一无二、不可复制的，大家经历不一样，体会也不一样。你喜欢的，可能正是对方所讨厌的，反之亦然。

　　事实上，没有人能够真正对别人的生活做到感同身受，你觉得理所应当的事情，在别人看来也许是个困难的挑战。所以，不能在不了解实际情况的前提下，就不分青红皂白地对别人指手画脚，对他人的生活指指点点。然而，生活中一些情商低的人，往往就会犯这样的毛病：他们想当然地认为自己能够理解别人所说的，然后高高在上地对别人说三道四。

　　你说你马上30岁了，再不为梦想努力就永远没有机会了，他会对你说："都30了还谈什么梦想，幼不幼稚，不赶紧结婚生孩子你这辈子都没指望了。"你决定彻底放弃花心的前男友，重新开始新的人生，她会对你说："不就是你几次打电话'查岗'时他没接你电话吗？当时我可都看见了，你能不能不闹大小姐脾气，像他这么有钱又能忍你的以后上哪找去？"

他们的脑海里保留着太多的人生准则，他们自己用那些准则过得好，就想着拿来约束你，可是他们从一开始就不了解你内心真实的想法。

有句话叫，"己所不欲，勿施于人"。可惜，情商低的人不明白这个道理，他们总容易用自己的标准去看待别人的事，殊不知这样并不是为别人好。

记得有这样一个故事。

一个流浪汉看到寺庙里的菩萨坐在莲花台上被众人膜拜，非常羡慕。他问菩萨："我可以和你换一下吗？"菩萨回答说："只要你不开口就可以。"于是流浪汉坐上了莲花台。

有一天，寺庙里来了个富翁。富翁求菩萨赐给他美德，等他磕完头离开后，他的钱包掉在了地上。流浪汉本想开口提醒，但他想起了菩萨的话就闭上了嘴巴。

　　接着来了个穷人，穷人对菩萨说家里人生病了，需要钱治病，希望菩萨能赐给他一笔钱。正要离开的时候，穷人发现了地上的钱包，他高兴地捡了起来，还笑着说菩萨真显灵了。流浪汉想开口说清情况，但他想起了菩萨的话，还是没有将事实说出来。

　　这时，进来了一个渔民。渔民求菩萨保佑他出海安全，能平安归来。他刚要走时，被再次进来的富翁揪住。

　　富翁认定是渔民捡走了钱包，因此和渔民争吵起来，而渔民觉得受了冤枉无法容忍，两人扭打起来。流浪汉再也看不下去了，他大喊一声："住手！"然后把事情的真相告诉了他们，富翁和渔民才停止了打斗。

　　流浪汉问菩萨自己做得是否正确，菩萨对流浪汉说："你还是去做流浪汉吧。你以为自己很公道，但是你开口说清事情的真相后，穷人没有得到那笔救命钱，富人没有获得美好的品德，渔夫出海赶上了风浪葬身海底。相反，如果你不开口，穷人家里人的命有救了，富人损失了一点钱但帮了别人积了德，而渔夫因为纠缠无法上船，躲过了风雨，至今仍能活着。"

流浪汉听完菩萨的话后，默默离开了寺庙。

这个故事告诉我们，有的时候你看到的和你想到的并不一样，当你贸然地开口后，最后的结果并不是如你想象的那般美好，更何况是你对别人的说教呢？

艾嘉结婚的时候，起初身边的人都对这段婚姻不看好，因为在大家看来，艾嘉是个标准的白富美，长相甜美，身材高挑，家世也不错，应该找个门当户对的才对，可是偏偏她要嫁的人，是一个一穷二白，还出身农村的人。

所有的朋友都说她肯定是脑子进水了，邻居更是七嘴八舌地劝她，说现在后悔还来得及，等以后生了小孩就真的分不开了。

可如今5年的时间过去了，艾嘉和自己的丈夫一起创业，事业做得红红火火，生活越来越富足，两人在城市里的黄金地段买了房子，还生了一个活泼可爱的女儿，夫妻二人的感情一如新婚时一样，恩爱有加。当年不看好他们婚姻的人，现在都对他们止不住地夸奖。

艾嘉说："他们当年总觉得我会过得不好，可其实一个人的生活好不好，不是由别人说了算的。幸福的感觉都是自己的，与别人无关。"

是的，每个人的生活都是自己的，所以我们不该打着"为你好"的幌子随意对他人的生活指手画脚，因为很多时候，你看不到别人的与众不同之处，也就不懂得尊重别人的与众不同。可当你还不了解别人的生活，就开始指手画脚的时候，对对方而言，往往是有害无益的。更何况，人与人交往，只有处于平等地位上的交流才最令人舒心，而如果你总喜欢以人生导师的身份去对别人的生活说教，只会让别人觉得不舒服，也没有继续和你交谈的兴趣。

看看身边那些情商高的人，你会发现，他们就绝不会随意插手别人的生活。相反，他们会充分尊重别人，当然，当别人在生活中遇到困难时，他们也愿意主动伸出援手，但绝不是强硬地干涉。

而很多情商低的人总会犯一个毛病：拿自己眼中的幸福，来作为衡量别人幸福与否的标准。一旦跟他眼中的标准不符，就认为别人不够幸福，生活不够完美。可是，不要忘了，还有句话叫作"彼非鱼安知鱼之乐"。

不要随意评价别人的生活，因为那是别人的生活，不是你的；不要随意干涉别人的生活，因为那是别人的路，该由他们自己作出选择。当别人决定在自己的生活里安心享受一切的时候，你应该在心里默默地祝福，而不是因为这种生活在你看来不够完美就随意批评。要记住，不对别人的生活指手画脚，是人与人交往的基本准则。

3. 错的永远都是别人

　　每个人都喜欢和有主见有担当的人相处，因为和这样的人相处能有安全感。但是不能忽略的是，生活中总有这样一种人，如果有了好事，他会乐意和你一起分享；而一旦事情出乎想象变成了坏事，需要承担责任的时候，他们就开始推卸责任，说自己与事情毫无干系，都是别人的错。

　　习惯推卸责任的人大致分两种类型：第一种是胆子小，比较自卑，不敢负起责任来。第二种则是纯粹的自私，为了维护自己的利益，而不择手段地逃避承担后果。不论是哪种类型，这种心理状态都是不健康的，而习惯性推卸责任的人也往往是不受人欢迎的。

　　很久很久以前，走兽和飞禽有过一场猛烈的战斗。蝙蝠一边都不参加，老待着看哪边取得胜利就加入哪边。起先，飞禽战胜了走兽，蝙蝠就加入飞禽一边，跟它们一起飞，表示自己是飞禽；后来，走兽开始占优势的时候，蝙蝠就投到走兽那边去了。它把自己的牙齿、爪子给它们看，证明自己是走兽，同时保证自己热爱同类。最后，飞禽终于得胜了，蝙蝠又想投到飞禽那边，可是这回飞禽把它撵走了。

蝙蝠想再加入走兽这边，已经不可能了。从此它两边都不能够参加，只好待在地窖里，或者待在窟窿里，黄昏的时候才敢出来到处飞。

逃避自己理应承担的责任和义务，就会受人指责，失去更多的朋友。生命是一种责任，谁逃避自己的责任，谁就会被命运捉弄。谁拒绝承担组织和团队中所应负的责任和义务，谁就会被淘汰出局。

大家可能都听过"三个和尚没水喝"的故事。

从前有座山，山上有座庙，庙里有个小和尚。他每天挑水、念经、敲木鱼，日子过得安稳自在。

后来，庙里来了个新和尚。他一到庙里，就把半缸水喝光了。小和尚叫他去挑水，新和尚心想一个人去挑水太吃亏了，要求小和尚和他一起去。两个人只抬一只桶，而且水桶必须放在担子的中央，才心安理得，但不管怎样，总算还有水喝。

再后来，庙里来了第三个和尚。他也想喝水，但缸里没水，先来的两个和尚叫他自己去挑，而第三个和尚也确实去了，但只挑了够自己一个人喝的量，回来之后马上全部喝完，一点儿都没剩下。

其他两个和尚知道了很生气，但谁也不愿再去挑水，都觉得这不光是自己一个人的责任，你不去我也不去好了，干脆大家都没水喝。从此，三个和尚各念各的经，各敲各的木鱼，菩萨面前的净水瓶也没人添水，花草都枯萎了。

有一天晚上，老鼠来偷吃东西，把烛台上的蜡烛打倒在地，寺庙立刻燃起大火。三个和尚从睡梦中醒来，想要用水灭火，却发现庙里一点水都没有，三个人急忙奔向河边，接力似的挑来一担担水，最后在三人合作之下，大火终于被扑灭了。这时，他们才醒悟过来，之前他们的做法是不对的。此后，三个和尚齐心协力，共同去挑水，不再为谁多承担了责任而斤斤计较，终于，大家又过上了安稳的日子。

　　三个和尚因为互相推卸责任，结果谁都没有水喝，不仅如此，危机来临时还险些酿成大祸。这说明，推卸责任表面上看似能让自己落得清净，得到一时的好处，可从长远看，只要你还是社会人，还是团体中的一员，那么，迟早也会对自己的利益造成影响。

　　说到底，现代社会中人们的联系更加紧密了，没有人是一座孤岛。只有大家互相合作，密切来往，才能取长补短，办起事情来才能顺畅自如。

　　事实上，那些勇于承担责任的人，总会令我们肃然起敬，让我们发自内心的喜爱。

　　20世纪初，有位叫弗兰克的意大利人，经过多年的努力拼搏，用积蓄开办了一家小银行，本来银行经营得很不错，眼看他就快要步入梦想中有钱人的生活了，可谁知飞来横祸，银行遭到歹徒抢劫，弗兰克瞬间破产，储户失去了存款，银行也被迫倒闭关门。而当弗兰克从打击中再次站起来，打算带着妻子和四个儿女从头开始的时候，他做出了一个惊人的决定，那就是要偿还储户们那些加起来堪称天文数字的存款。

身边的人都劝他说："你根本不需要这么做，这件事你是没有责任的。"但他却这样认真地回答："也许在法律上我是没有责任，但在道义上，我有责任，我觉得自己应该还钱。"

虽然偿还这笔钱的代价是整整30年缩衣节食的艰苦生活，但他的家人都一直支持他，当他将最后一笔"债务"还清时，身边的人无不钦佩他的坚持与担当。

有人问他，你把所有钱都拿来"还债"了，那你的孩子怎么办？你什么都没给他们留下。他笑着说："怎么没有，我给他们留下了一笔真正的财富，那就是无论怎样，都要勇于承担责任。"

人生在世，孰能无过。从你出生时起，你就在与周围的世界产生积极的互动。环境会对你产生影响，你也会对周围的事物产生影响。生而为人，只要有主宰自身行为的能力，你就应该为自己的行为负责。你做出的决定，也理应受到相应的责备与赞扬。

如果你是一个见到责任就推，没有担当的人，别人和你交往时就会觉得你自私自利，不够真诚，自然无法建立起良好的人际关系。一传十，十传百，等大家都知道你的为人后，你的朋友只会越来越少，更别提真心相待了。

生活中的责任处处存在，我们应该学会勇于承担自己该承担的，只有有担当、有责任心的人，才是别人眼中值得交往的人，也只有这样的人，才可能拥有良好的人际关系。

4. 缺乏同理心，不懂换位思考

心理学上有个词叫同理心，也被称为"感情移入""神入""共感""共情""移情"。通俗来讲，同理心指的就是设身处地地对他人的情绪和情感的认知性的觉知、把握与理解。主要体现在情绪自控、换位思考、倾听能力以及表达尊重等与情商相关的方面。

同理心其实是一种能够设身处地为他人着想，想人之所想的思考方式。在人际关系中，有没有同理心是很重要的。情商高的人大多具有很强的同理心，也就是说他们能够换位思考。在与他人相处过程中，他们总是能站在别人的角度，去体会别人的情感，说出让人感到温暖的话语。

记得有个经典的故事是这样的。

妻子正在厨房炒菜，丈夫却一直在她旁边唠叨个没完："你注意了，小心呀！火太大了。赶快把鱼翻过来，油、油放得太多了！"

妻子刚开始还忍着没有说话，可后来她实在忍不下去了，便脱口而出："我是家庭主妇，我自己知道怎样炒菜，用不着你来指手画脚。"

丈夫听后得意地笑了，说道："我只是要让你知道，我开车时你在旁边喋喋不休，我是什么样的感觉。"

由此可见，生活中，我们只有多站在对方的立场上去体验和思考问题，才能与对方在情感上得到沟通，为增进理解奠定基础。可以说，它既是一种理解，也是一种关爱！

古往今来，从孔子的"己所不欲，勿施于人"到《马太福音》的"你们愿意别人怎样待你，你们也要怎样待人"，不同地域、不同种族、不同文化的人们，都被教导要懂得换位思考。其实，很多时候，换位思考不仅能成全别人，也能成全自己。

有一个农夫整日在田间劳作，感到非常辛苦。他每天去田里时都要经过一座庙，每次都能看到一个和尚坐在山门前的一株大树下乘凉，农夫很羡慕，觉得和尚的生活肯定轻松舒服，以至于他也动了出家的念头。

一次，农夫把自己的决定告诉了妻子，说自己想到庙里做和尚，过轻松的生活。善解人意的妻子听后没有反对，只是对他说："出家做和尚是一件大事，需要慎重考虑，我明天开始和你一起到田间劳动，一方面向你学习做农活，另外帮助你尽早把农活做完，好让你早些到庙里去。"

从此，夫妻两人早上同出，晚上同归，开始在田里一起干农活。一段时间后，田里的农活也完成了。

妻子帮丈夫收拾好行李，亲自送他到了庙里。庙里的和尚听了事情的原委后，对他们说："我看到你夫妻俩每天早出晚归，一起在田里做农活。成天有说有笑，恩恩爱爱的幸福画面，我羡慕得已经下决心还俗了，怎么你反而来做和尚呢？"

在农夫看来，寺庙里的和尚是很幸福的，而他自己的生活很苦；而在和尚眼里，夫妻二人才是幸福美满、令人羡慕的。他们彼此都站在自己的角度上看待对方，却从未想过，如果换个角度，站在对方的立场上看，自己已经过得很幸福了。

在人际交往中，假如我们能多站在他人的立场上去思考问题，那么，彼此之间就能多一些理解，人与人之间的关系也会被拉得更近。不仅如此，宽容这一美德的得来，也开始于换位思考。因为如果能站在对方的立场上考虑问题，看问题时就会显得比较客观公正，可防止主观片面，对人也不会过于苛求，更容易培养宽容的态度。

在现实生活中，许多人看事情的观点都会被固有的、片面的思想所限制，不能全面正确地理解事物，以致产生偏见，作出错误的决定。而此时，如果能换位思考，就会有很大的不同，站在对方的角度去思考问题，能让你重新审视自己，从而看清自己忽略的细节。

所以，为了让自己能保持理智，遇到事情能随时作出正确的决定，我们在生活中就要随时提醒自己，与人相处时不可自以为是，而是要多换位思考，站在别人的角度想问题。给别人一个机会，同时也是给自己一个机会。

5. 总是伤害最亲的人

不知道在生活中你会不会有这样的一面：与陌生人相处时，表现得彬彬有礼，不管对方给你带来多大的麻烦，都能忍受并做到理智对待；而在亲近的人面前，就变成了另一副样子，只要自己心情不好或者压力太大，就冲他们发脾气，甚至还会说一些恶毒的话，不把对方说得哑口无言就绝不罢休。那个有修养的自己瞬间被抛到脑后，即使到了最后，意识到自己错了，也拉不下脸来主动道歉。

平时在外面，老师同学都认为郭阳是个温和善良，很懂礼貌的孩子，可只有他自己知道，在家人面前他就是一个毫不讲理，没有修养的人。

有一天夜晚，郭阳在卧室复习功课，正因为一道题解不出而烦恼，恰好妈妈敲门进来，给他端了一杯牛奶。他没有接过杯子，而是对着妈妈狂吼："你刚才不是已经给我送过牛奶了，怎么还来啊？你老进我房间送东西，我还怎么复习，你烦不烦啊！"

妈妈看到他怒气冲冲的样子，没有辩解，委屈地退出了房间，一个人坐在客厅的沙发上落泪。

结果后来郭阳出来喝水，妈妈还主动去跟他道歉："阳阳，对不起，妈妈错了，刚才不应该打扰你。妈妈更年期到了，做事总是颠三倒四的，自己给你端过牛奶也不记得了，希望你原谅妈妈。"

听到妈妈的话，郭阳才醒悟过来，自己对待妈妈太粗暴了，妈妈是关心自己才会给自己送牛奶的，他不应该朝妈妈发脾气，还说了那些多伤人的话。

其实，很多人这样做是因为知道家是我们的港湾，不管发生什么事情，家人都会包容我们。可家人也是人，他们也会有自己的情绪，当我们总是拿最坏的脾气对他们的时候，他们也会感到难过。

那么，为什么我们还是把最坏的脾气留给最亲的人，把最好的一面留给陌生人呢?

　　心理学上对这种情况的解释是：相对于亲人，我们往往对"别人"更有耐心，更不容易发火，是因为我们在假设"别人"是不了解我们的，要取得他们的了解是需要花时间去沟通的。但面对家人，我们的耐心有限，是因为我们认为家人应该是最了解、最支持我们的，所以不需要额外再花时间去沟通。

　　总的说来，我们之所以总把坏脾气留给身边最亲的人，大致要归结为几个方面的原因。

　　1.对亲人的期望过高。按照一般观点，越亲近的人就越能理解和支持我们。但其实即使是家人也并不能在所有的事情上都能对我们百分之百的理解，一旦碰到亲人不理解我们的时候，我们就会想："别人不理解我也就罢了，怎么你也不理解我呢？"这样越想就会越生气，但其实都是因为我们对亲人期望过高，而我们并没有意识到而已。

　　2.不堪承受亲人对我们的压力。相对于别人来说，面对亲近的人提出的要求和期望，我们感受到的压力更大。这是因为我们心里更在乎他们，我们不希望他们不开心，因此我们会给自己添加许多无形的压力。

3.对亲人有放肆心理。家人之间，是一个相对安全包容的环境。当我们在外面受了委屈和压力时，往往会选择到家中进行宣泄。这是因为我们依赖亲人，对他们存在着放肆性才导致的结果。

在宣泄过程中很多人容易对家人使用嘲讽、歪曲、夸大、贬低、晦暗等攻击性的语言，虽然最后我们的压力得到了释放，但也给家人带来了伤害。

4.容易对亲人陷入单级思维。所谓的单级思维，就是我们在不考虑实际情况的状态下，为自己定下一个目标，不实现就不罢休，死死地纠缠于这个目标，最后走不出来的一种思维模式。

这很容易让我们把自己的主观想法强加于自己或亲人身上，强迫他们接受我们的观点，他们一反对，我们就会用更激烈的语言和方式去制止，闹出不愉快的矛盾。

亲人是上天赐给我们的礼物，我们不要因为他们爱我们，就认为自己可以肆意妄为，无情地去伤害他们，忽略他们的感受，我们理应好好珍惜与他们在一起的时光。在与他们有矛盾的时候，可以坐下来，试着像朋友一样友好地沟通，只有家人之间相互理解了，矛盾才有缓解的可能，而不是给彼此带来更深的伤害。

所以，从现在开始，收敛我们的坏脾气。就算家人说错了话做错了事，那也没关系，给他们一个体谅的眼神，一句贴心的话语，一个温暖的拥抱。因为，他们才是我们生命中最重要的人，有他们才有我们的港湾。

总之，要记得，不要只把耐心和宽容交给陌生人，却把坏脾气和最糟糕的一面留给家人，不要让最亲近的人因你而受到伤害。

第七章

情商的修炼与技巧运用

1. 审时度势，看破不说破

很多时候，我们与人说话采取什么方式是很重要的。什么话该说什么话不该说，这都得引起我们的注意。情商高的人在与他人交往中，往往会看得清自己所处的形势，明白说话的场合和分寸，知道对什么人采取什么样的方式。

《红楼梦》里有句话说得好："世事洞明皆学问，人情练达即文章。"在人际交往方面也是这样，我们只有透过现象看本质，把握细微复杂的关系，才能成为一个顺畅自如的交际达人。

通过无数的经验教训，我们可以得出一个结论，在与他人相处中，必须掌握一条准则，那就是：有些事，可以看破，但是千万别说破。看破，说明你懂得事情原委；但不说破，说明你能照顾别人的心理。

人生在世，各有所长，各有所短。若以我之长，较人之短，则会目中无人；若以我之短，较人之长，则会失去自信。所以，在人际交往中切忌揭人短处，即便你对对方的不足之处一清二楚。

《韩非子·说难》篇中曾对龙做了如下描述：龙的性情非常柔顺，人们可以和它亲近，甚至可以把它作为自己的坐骑。然而，它的喉下有一块长约尺许的逆鳞，如果有人触摸了它，那么它必然会发怒，甚至伤人致死。

岂止龙有自己的忌讳，世界上每一个人都有自己的忌讳，也就是常说的"短处"。鲁迅笔下所描绘的阿Q、孔乙己、祥林嫂都是我们大家所熟悉的人物，他们虽然性格各异，但身上却有一个共同的特点，那就是都有一处最怕人触动的"短处"。阿Q最怕的就是有人说他头上的疤，谁要是犯了这个忌讳，他准会去找人家拼命。孔乙己最怕人揭他的短，揭了他的短，他便涨红了脸，强词夺理、竭力争辩。祥林嫂的忌讳是她曾嫁过两个男人，这是她精神上最大的负担和面子上最大的耻辱，她捐过了门槛后，本以为自己变成了干净女人，动手去拿供品，但四婶大喊一声，使她旧病复发，精神崩溃了。

人们之所以有忌讳，怕别人揭自己的短处，是因为会受伤害，所以，你若想获得朋友，就一定不要触动他们的短处。

有一个叫鱼子的人，生性古怪，对人尖酸刻薄，总好揭人短处。有一天，朋友们坐在一起喝酒，其中一个叫吴丑的因老婆管得太严而不敢多喝。鱼子便吵吵嚷嚷地说："你们知道吴丑为什么不敢喝酒吗？是他的老婆管教得太严了。有一次，吴丑喝醉了酒，还被老婆打了几个耳光呢！"吴丑被鱼子当众揭了短处，恼羞成怒，拂袖而去，大家不欢而散。

生活中不乏鱼子这样的人，他们似乎认为，只有揭了别人的"短"，才足以证明自己的"长"，以此来获得心理上的满足。孰知这样的结果只能让人们对他们避而远之。

除了不随便揭人短处，有时候，有些话题也不能随便提及。因此，我们和别人交往时最好提前了解一下，如果不够了解，就不要贸然提及可能触及其忌讳的事物，以免造成不必要的麻烦。

　　周帆和陈密本来是要好的朋友，可最近关系却闹得很僵。

　　原来，几个月前，陈密的母亲因腿伤入院，结果在检查过程中意外发现患上了癌症。幸运的是，因为发现及时，癌症还处于早期，治愈的希望非常大，为了让母亲思想负担不那么重，积极配合治疗，医生、陈密的家人绝口不提跟癌症有关的字眼，可是，这种平静却被周帆打破了。

　　周帆之前一直在外地出差，回来后听说了陈密母亲的事情，作为好朋友，她急忙赶到医院，在病床边坐下之后，刚询问了几句陈密母亲现在的情况，就开始说："阿姨，你的思想负担不要太重，就算是癌症也要看情况的，只要积极配合治疗，治愈率是很高的。"本就觉得自己的病不只是腿伤那么简单的陈密母亲听了这话，立刻察觉到不对了，于是立刻问周帆："你的意思是说我不光是腿伤？我得的是癌症是吧？"周帆回道："没关系的，阿姨，癌症早期症状不明显，但是确诊率也很高，说是早期就是早期，没问题的。"阻拦不及的陈密眼睁睁看着母亲听完后，脸色一下子变得特别苍白，简直气不打一处来，几乎是将周帆轰出了病房。

　　事后，陈密责怪周帆说："就你懂得多吗？谁都知道的事，这么多来探视的人里为什么就单你口快，病人面前不知道有点忌讳吗？"

其实，看破不说破的道理不仅适用于人际交往，也适用于职场。

让我们来回顾一下《三国演义》里杨修的故事吧。

杨修是一个很聪明的人，他作为曹操的手下，曾经多次看透曹朝的小心思。但他不懂得看破不说破的道理，以至于在"鸡肋事件"中失去了自己的性命。

据《三国演义》第七十二回记载，诸葛亮智取汉中，曹操被迫退兵到一个山谷中。曹操聚集兵队想要再次进兵，又被马超拒守，想要收兵回都，又怕被蜀兵耻笑，心中犹豫不决。

刚好碰见厨师做了一碗鸡汤，曹操看着碗里的鸡汤，心里有些感慨。这时夏侯惇走入曹操的房间，询问曹操夜间的口号。

曹操随口答道："鸡肋！鸡肋！"夏侯惇于是将这个口号传达了下去。杨修听到夜间的口号是"鸡肋"两个字后，便让随行士兵收拾行装，准备撤兵。有名士兵将此事报告给了夏侯惇，夏侯惇知道后大吃一惊，他把杨修叫到帐中问他收拾行装的原因。

杨修想也没想就说："从今夜的号令来看，可以知道魏王不久便要退兵回都。因为鸡肋吃起来没有肉，丢了又可惜。如今进兵不能胜利，退兵让人耻笑，在这里没有益处，不如早日回去，因此收拾行装，免得到了走的时候会慌乱。"

夏侯惇听了杨修的话，觉得很有道理，也收拾行装准备撤退。于是军营中的诸位将领，没有不准备回朝的。当天晚上，曹操看见士兵们都在准备行装，他感到很惊讶，把夏侯惇叫来问是什么原因。夏侯惇便把杨修的话说了出来。

曹操又把杨修叫去问了一遍，结果杨修用鸡肋的含义作了回答。曹操这回气不打一处来，他朝杨修大吼："你怎么敢乱造谣言，乱我军心！"随后便命人把杨修推出去斩了，聪明的杨修就这样失去了自己的生命。

显然，杨修是个聪明人，但不是个情商高的人，不懂得身在职场，有些话就不该说。他看透了曹操说鸡肋背后的心思，但把这个心思说了出来，动摇了军心，也引来了杀身之祸。

在现实生活中，可能没有这么严重的后果，但是，也同样值得注意。职场中的不说破，是一种装糊涂的聪明行为，它能让你明哲保身，躲过不必要的麻烦。

与人交往，懂得看破别说破的道理非常重要，因为每个人都有自己的隐私，不说破一方面能照顾到别人的心理，另一方面也会让人觉得你很懂事，会把你当成朋友来对待。当你做到看破但不说破后，别人也会更加愿意和你深入地交流。

2. 学会管理，我的情绪我做主

　　如果你注意观察身边的人和事，你会发现生活中情商高的人往往拥有调节不良情绪的本领。明明前一秒他们还处于无比生气、烦恼的状态，下一秒他们就能转怒为笑，开心地和别人说话，仿佛刚才的不愉快没有发生一样。

　　这就是情商高手与众不同的地方。

　　什么叫调节情绪呢？

　　调节情绪，俗称情绪管理，是指通过研究个体和群体对自身情绪和他人情绪的认识、协调、引导、互动和控制，培养驾驭情绪的能力，从而确保个体和群体保持良好的情绪状态，并由此产生良好的管理效果。现代工商管理教育如 **MBA、EMBA**等均将自我情绪管理视为领导力的重要组成部分，这同时也是情商的重要组成部分。

情绪实际上是人对客观现实的一种特殊的反映形式，是对客观事物是否符合自己需要而产生的心理体验。

拥有良好积极的情绪，会对事业乃至生活上都产生事半功倍的效果，而整日被不良消极情绪缠绕的人则通常处于郁郁寡欢，生活一事无成的状态里，更为严重的是如果长期被不良情绪影响，心情郁闷，对生活失去信心，最后还可能患上忧郁症、抑郁症等心理疾病。

因此，学会调节自身情绪是十分必要的。

其实阻碍我们成功的，往往不是缺少机会，而是缺乏对自己情绪的控制。愤怒时，不能制怒，会使周围的合作者望而却步；消沉时，放纵自己颓废萎靡，会白白浪费了很多来之不易的机会。

拿破仑曾说过，能控制好自己情绪的人，比能拿下一座城池的将军更伟大。

心理学专家研究发现，人的情绪同其他一切心理活动一样，主要是由神经系统操控，大脑皮层下的神经过程在情绪的生理机制上起重要作用，大脑皮层起着调节制约的作用，这就决定了人能够主动地控制和调节自己的情绪，可以用理智来驾驭情绪，使自己的情绪逐渐成熟起来。

我们的情绪会跟随每日的生活而波动变化，无论是正面还是负面的情绪，都会对我们造成各种影响。尤其是不良情绪，它不仅会消耗掉我们的精力，还会破坏我们原有的好心情，让我们做其他事情感到力不从心，失去许多的好机会。

因此，我们必须学会控制和化解自己的不良情绪，只有这样，我们的生活才能充满生机，我们也才能健康成长。

说到调节情绪，就不得不提"情绪ABC理论"。

情绪ABC理论是由美国心理学家埃利斯创建的。他认为人的消极情绪和行为障碍结果（C），不是由于某一激发事件（A）直接引发的，而是由于经受这一事件的个体对它不正确的认知和评价所产生的错误信念（B）所直接引起。

其中字母A是英文单词activating event（激发事件）的缩写，字母B是英文单词belief的缩写（信念），字母C是英文单词consequence（行为后果）的缩写。

埃利斯认为，正是由于我们常有的一些不合理的信念才使我们产生情绪困扰。不合理信念包括：绝对化的要求、过分概括的评价、糟糕至极的结果。

其中，绝对化的要求就是指以自己的意愿为出发点，认为某事物必定发生或不发生的想法。例如，"我必须成功""别人必须对我好"。

过分概括的评价是一种以偏概全的不合理思维方式的表现，它常常把"有时""某些"过分概括化为"总是""所有"等，如有些人遭受一些失败后，就会认为自己"一无是处、毫无价值"。

糟糕至极的结果，这种观念认为如果一件不好的事情发生，那将是非常可怕和糟糕的。例如，"我个子不高，一切都完了""我没考上研究生，不会有前途了"。

情绪ABC理论告诉我们，要想管理好自己的不良情绪，就要在不良情绪发生的时候，改变不合理的信念，让大脑接受正确、积极的信息，如此一来不良情绪自然就烟消云散。比如在碰到棘手的事情、情绪非常糟糕的时候，我们可以提醒自己："我对这件事的理解是否正确、是否客观、是否全面？"相信你只要进行理性分析后，一定可以走出情绪的困境。

同时，我们要学会积极处理负面情绪。当感到压力巨大时，要告诉自己："没什么了不起，自己一定能度过眼前的危机。"

当遇到一些无法避免的消极情绪的时候，你可以用如下方法应对：

1.注意转移法：当你感到悲伤、忧愁、愤怒的时候，可以进行积极地转移，比如说主动去找好友聊聊天，谈谈心事，也可以选择找一些自己喜欢的书来阅读。如果你能够在不愉快的情绪产生的时候就立刻将精力转移他处，不良情绪在你身上停留的时间就会很短。

2.合理发泄法：一味将不良情绪压制在心底并不好，你可以选择用合适的方法将不良情绪的能量发泄出去。比如当你发怒时，尽快脱离那个地方，让自己换个环境，当你把淤积的负面能量释放出来后，好心情就会慢慢回来。

3.目标升华法：就是将强烈的情绪冲动引向积极并且有益的方向。我们常说的"化悲痛为力量"指的就是升华自己的悲痛情绪。著名心理学家弗洛伊德把升华看作最高水平的自我防御机制。他认为，只有健康和成熟的人才有可能实现升华。

我们要明白，情绪是可以认识和管理的，不管我们的情绪有多少种类型，也不管是积极的或消极的，它都要通过面部表情、言语表情和肢体表情表达出来，进而影响我们的心理、生理及生活本身。

在这个复杂的社会，高情商对我们的生活、工作以及人际交往都显得无比重要。而情商的高低，也可以体现在一个人控制情绪、承受压力的能力方面。成熟的人让行为控制情绪，愚蠢的人让情绪来控制行为。

如果你想提高情商，那么就得认真领会上面所讲述的知识，从现在起，学会调节不良情绪，做情绪的主人。毕竟，没有人愿意和情绪不良的人交往，也只有将自己的情绪调节好了，才能用好的状态去迎接你的生活，做你想做的事。

3. 大度宽容，用理解搭建桥梁

与人相处，学会宽容很重要。

生活中，每个人都会犯错，如果你因为别人一时的错误而耿耿于怀，不肯原谅对方，那么时间久了，别人就会觉得你是个斤斤计较，不大度的人。这势必会影响你人际关系的发展。

仔细观察那些情商高的人，他们就深深懂得包容别人这个道理，他们明白，给别人一个台阶下，也是给自己一次合作的机会。所以别人与他们相处时，总觉得他们亲切友好，温暖大方。所以，想要提高情商的你，就必须得向他们学习，做一个会包容别人的人。

有一次，董明和几个哥们一起去一个朋友家看球。

一到房间，他们五个人就一边抽烟一边看起了球赛。球赛结束后，董明才惊讶地发现他们已经在不知不觉中抽了五盒烟。

朋友的妻子也在旁边陪着他们，她其实不喜欢丈夫抽烟的，但整个过程里，她一句话也没有说。只是在他们不注意的时候，打开窗子，让新鲜的空气吹进来。

董明意识到朋友的妻子反感丈夫抽烟的事实后，便问她为何不说出来。

朋友妻子听后微微一笑，说："我也知道抽烟有害身体健康，但是，如果抽烟能让他快乐的话，我为什么要阻止他呢？我情愿让我的丈夫能快快乐乐地活到60岁，而不愿意他勉勉强强地活到80岁。毕竟，一个人的快乐不是任何时间或者金钱能够换来的。"

朋友听到妻子这么说，很满足地笑了。后来董明再去他家时，发现他已经戒烟了。朋友问他怎么想起要戒烟的，他笑着说："妻子能为我的快乐着想，我也不能让自己提前20年离开她呀！"

这个故事中朋友的妻子就是一个情商高的人，她明白抽烟是有害身体健康的，可是她在丈夫和朋友抽烟的过程中，没有出言阻止，反而展现出了自己的包容，希望自己的丈夫过得开心就好。她的这一举动换来的是丈夫以心换心、心甘情愿地戒烟。

事实证明，能够为他人着想，很多时候能够避免无谓的纷争，更能收获意想不到的结果。

我们再来看一个发生在古代的故事。

明朝年间，山东济阳人董笃行在京城做官。有一天，他接到家人写来的书信，说家里盖房为地基而与邻居发生争吵，希望他能借着官权出面解决此事。

董笃行看完信后轻松地笑了起来，随后他立刻给家人回了一封信，信上只是写了一首诗："千里捎书只为墙，不禁使我笑断肠。你仁我义结近邻，让出两尺又何妨。"

家人读了回信觉得董笃行说得很有道理，便主动在建房时让出几尺。邻居见董家如此大方，被打动了也跟着让出了几尺。结果两家共让出八尺宽的地方，房子盖成后，就有了一条胡同，被世人称为"仁义胡同"。

这个故事同样反映了包容的重要性。修一个地基，闹得邻居不愉快，而一方主动退让后，另一方也跟着退让，事情因此得到了圆满的解决。

心理学中有个名词叫"自恋受损"，通俗的说法就是，有的人总爱在别人面前显摆，吹嘘自己的本领有多强，自己有多厉害。

这是因为他们在早期养育和成长过程中，自尊经常严重受挫，所以他们对抗外界寻求自尊保护的唯一武器，就是把自己说得光鲜无比、无所不能。

当你明白这点后，一旦在生活中遇到这类人，不妨就从心理学的角度出发，多体谅一下他们。这样一来，你就会变得包容起来，不会因为别人说的几句话就感到心里不舒服，从而与人发生摩擦。

事实上，生活中的许多矛盾本来并没有多大，就是因为你没有透过表面现象去分析它背后的原因，过于执着自己看到的和想到的，没有停下来多问几个为什么，才使小事发酵成了大事。

那么，我们应该如何学会包容别人呢？可以试着从以下几个方面来学习。

1.保持平和心态。

在与他人的相处中，不管与人发生任何事情，都要保持平和的心态，不急不躁。要学会冷静下来，用平和的心态去积极处理，这样才不会酿成大错，才能让你渐渐养成包容他人的心胸。

2.学会笑对一切。

微笑能够让人忘掉烦恼，同时也是化解矛盾的武器。其实生活中许多的事情，都没有必要抓住不放，当你学着微笑地去面对一切时，你会发现，原来很多事情都很简单，并没有你想象中那么复杂。

3.学会换位思考。

正如前文所说，很多时候，我们与他人交往之所以会有矛盾，就是因为我们总是站在自己的角度看问题，得出错误的结论，误解了别人的心思。所以，当你站在对方的角度去思考问题时，你就会发现烦恼根本微不足道。

俗话说"宰相肚里能撑船"，当你与别人交往时，如果能时时记住这点，多与人为善，用宽容给自己和别人搭建一个继续交流的平台，时间久了那么你自然会赢得更多人的青睐，你也能变成一个受欢迎、被人喜欢的人。

无数的生活经验告诉我们，给别人一个改过的机会，也是给我们自己一个机会。我们越能宽容别人，就越能净化自己，使自己心境平和。

4. 处事低调，事事留足情面

　　生活中存在这样一种人，他们帮了别人的忙后就喜欢四处张扬，唯恐天下不知。事实上，这样的人虽然帮助了别人也并不见得会受人喜欢，因为他们这样做，会让得到好处的人觉得很没面子，甚至会让人产生他们是在"施恩图报"的错觉。而那些情商高的人，往往就明白其中的道理，所以，他们帮助别人从来都是低调行事，不会在背后到处炫耀和张扬。

　　有一个穷人，在一个大雪纷飞的夜晚，去找村里的首富借钱。正好碰上首富心情好，他爽快地借给了穷人两块大洋，还大方地对穷人说，尽管拿去吧，如果不方便的话不用还了！

穷人从首富的手里接过钱，小心翼翼地拿纸包好，便匆匆往家赶。那位首富站在后面对着穷人又喊了一遍："这钱你不用还了！"

第二天清早，那位首富打开自己家院子的大门，发现自家院内的积雪已经被人扫过，连屋瓦也扫得干干净净。

他感到非常奇怪，就让人在村里打听，才知道这件事是穷人做的。首富此时才恍然大悟：白白给别人一份施舍，只能将人变成乞丐，而穷人是在用自己的行动证明，自己不会白拿别人的施舍，会在力所能及的范围内偿还。最后，他和穷人立了一张借据，穷人因此流出了感激的泪水。

穷人用帮首富家扫雪的行动来维护自己的尊严，而首富也用会向他讨债这个行为成全了穷人的尊严。在穷人看来，虽然自己比较穷，但是无论如何不能平白无故的要人家的钱财。

我们身边经常会有这样的人，一旦帮了别人一些小忙，就觉得自己有恩于别人，之后就会怀有优越感，到处向别人炫耀。这样的想法和做法实际上很多时候会得不偿失，虽然你帮了别人的忙，可别人不但不会感激你，反而会因为你这种高高在上的态度，将原本的好意也抵消了。

帮助别人往往是出于同情心，而同情本身就带有一种强者俯瞰弱者、居高临下的姿态，因此，帮助别人并不是很简单的事，过于张扬地显示自己对别人的帮助，往往会伤害对方的自尊。

有些人自尊心很强，很看重自己的面子，当你想要帮助他们时，就得注意给他们留面子，选择用合适的方法。既要让他们感受到你的诚意，又要小心谨慎，低调行事，不让他们觉得你是在伤害他们的面子。

第二次世界大战期间，斯大林在军事上最倚重的人有两个，一个是军事天才朱可夫，一个则是苏军总参谋长华西列夫斯基。

斯大林晚年的时候变成了独裁专制的人，不管别人提出多么好的意见，自以为是的他都不会采纳，连朱可夫的意见他也不听。也因为他这样唯我独尊的性格，令他在大战期间吃了敌军的不少苦头，遭到了多次重创。

只有华西列夫斯基一人例外，他往往能使斯大林在不知不觉中采纳他的意见，最终改变被动的战争局面。

这是怎么回事呢?

原来,华西列夫斯基每次都是用潜移默化的方式来委婉地提出建议。

每次华西列夫斯基与斯大林聊天的时候,表面上他们只是在谈生活琐事,不谈军事话题,但不知不觉中,华西列夫斯基会传达一些军事知识,等华西列夫斯基走后,斯大林往往就会想到一个好计划。过不了多久,斯大林就会在军事会议上宣布这一计划,而这个计划的所有想法都来自于华西列夫斯基的谈话。甚至可以说,计划本来就是华西列夫斯基想到的,只是斯大林和华西列夫斯基谁都不说而已。

事实上,不管心胸多宽广的人,他内心也一定不喜欢你提出过于直白的建议或批评,更别提是当着众人甚至是下属的面了,因为这种行为直接伤害了他的面子。就算他接受了你的建议,挽回了一个大损失,不管他内心如何肯定你的能力,他都不想感激你,他喜欢的也只是你的建议内容,而不是你的方式。如果你帮助了他,事后又到处去宣传,那么你在他心里的分量将会大打折扣。更别提生活中有些人会竭尽全力来保全颜面,为了面子问题,甚至可以做出有违常理的事。

　　所以，即便是帮助别人我们也要懂得照顾对方的颜面，尽量避免在公众场合使你帮助过的人难堪，必须时刻提醒自己，不要做出任何有损他人颜面的事。这样一来，我们不仅会避开一些不必要的麻烦，而且还会让别人更加喜欢与我们交往，帮助我们建立良好的人际关系，成就美好的人生。

5. 做聪明人，争气而不生气

人们常说"人争一口气，佛争一炉香"。但许多人误解了这句话的意思，以为这句话是要告诉我们，事事都要自己领先，绝不能轻易向别人低头，而要让别人向自己认输。

这样的想法是大错特错的，因为当你把怒气随意发泄到别人身上，甚至为了争一时的高下而做出偏激行为时，事情不仅不会有转机，反而会引来更大的麻烦。

要知道争气绝不意味着意气用事，而是告诫我们要力争上游，用自己的实际行动赢得别人的认可和尊重。

任何时候，发脾气非但解决不了任何问题，还会让事情变得越来越糟。最明智的做法，就是暂且隐忍下来，化耻辱为动力，通过自己的努力超越对方，从而让对方折服。

著名作家夏衍从小就酷爱读书，尤其对历史最感兴趣，每次和朋友聚会，他都会滔滔不绝地表述自己的观点。由于夏衍涉猎广泛且勤于思考，他的很多观点都颇有深度，朋友们也觉得他说得很有道理。

有一次，夏衍像往常一样到图书馆查阅资料，偶然间听到几个人正在谈历史话题，碰巧又是他正在研究的内容，他的兴趣来了，忍不住走上前去插了几句嘴，在得到大家的认可后，他便开始大谈特谈起来。然而，当时的他并不知道，他遇到的几个人都是历史专家，他们只是出于礼貌才让他参与谈话的。

夏衍滔滔不绝地讲了半天，其中说到几个有争议的地方，立即惹得某个人反唇相讥。

夏衍见到有人反驳自己，起初还想调动自己的史学知识与对方辩驳，结果被对方"一番唇枪舌剑"说得哑口无言。

这个时候，众人纷纷向他投来轻蔑的目光，有几个年轻人更是笑出声来，并且对他说了几句嘲笑的话。

夏衍听后本想反唇相讥，但是话到嘴边却忍住了，因为他知道遇到了比自己学问更高的人，再闹下去也只能是自取其辱。于是，他不但没有发作，还向众人道歉表明自己的唐突，然后匆匆离开。

回到家后，夏衍开始努力学习，多年后他学有所成，成了出名的历史学者，那些曾经嘲讽过他的人，再见到他的时候也客客气气，把他当成了敬重的对象。

试想一下，如果夏衍当时和几个史学专家进行一番激烈争论，以他的阅历和历史素养最终也不会有什么赢面，而那种挫败感很可能会令他对史学的兴趣大打折扣，那也就不会有后来的学者夏衍了。

聪明的他在关键时刻没有意气用事，更从别人的批评中认识到了自己的不足，认清了自己要努力的方向，他把更多的时间用来提升自己，而不是做无谓的争论，最后不但自己取得了辉煌的成就，也令对手折服，可以说，这才是他通过理智分析作出的正确选择。

这个故事告诉我们这样一个道理：当我们遇到一些不平的事情时，要学会把怒气转化为动力，然后用事实证明自己的能力，而不是一味地生气，把精力都浪费在这种对自己毫无帮助的小事上来。

　　要知道，激烈的对峙不会让我们从对方那里赢得尊重，只有在成绩上取得领先，才能让对方甘拜下风。

　　事实上，如果有人夸奖你，并没有什么值得高兴的，因为溢美之词不会带给你任何实质性的好处；同理，如果有人贬低你，也没有什么值得生气的，因为对方的冷嘲热讽也不会让你有任何实际损失。

　　无论是夸奖还是贬低，对方能够带给你的影响，仅限于情绪层面。如果你能够把握好自己的情绪，那么无论别人对你做出怎样的评价，都不会影响你的情绪，也就不会影响你的行为。

　　换句话说，我们与其用愤怒改变对方的想法，不如用行动改变对方的想法，因为后者往往更加有效，同时也更加合理。要知道，生气往往是失败者的表现，他们在内心当中已经承认了自己的失败，却不允许别人挑明，否则就会情绪失控。

　　聪明的人就很少生气，因为他们一直都知道自己想要的是什么，同时也知道通过什么方法去获得成功，对于别人的非议，只会置之一笑。这也是情商高手遇到烦心的事情时不会生气，只会努力用实际行动改变自己的境遇，让别人发自内心接纳他们的原因。

生活中，面对别人的嘲讽和打击，我们总是会习惯性地奋起反击，甚至不惜与其发生激烈冲突，最后问题非但没有解决，反而引起更大的问题。

其实，当我们的尊严受到触犯时，我们完全可以冷静下来进行反思。如果我们确实有对方所说的问题，我们生气或者发怒也只会让自己看起来更脆弱。聪明的方法应该是停止争吵，然后默默地努力，把问题慢慢地改掉。

人生在世，很多时候我们不得不面对恶劣的外部环境：如冷漠的面孔、嘲弄的眼神甚至恶意的中伤、阴险的陷阱……无论它们对你的打击有多严重，都不应该是你生气的理由。

生活是美好的，生气是拿别人的错误来惩罚自己。与其花时间来生气，还不如把时间花在读书、旅游、听音乐等美好的事情上来。

要知道，生活的艺术更像是摔跤而不是跳舞，既要站得稳，还要时刻准备好应对突如其来的打击。作家张小娴也说过："与其因为别人看扁你而生气，倒不如努力争口气。争气永远比生气漂亮和聪明。"

　　为了让自己的生活更美好，充满着色彩，从现在开始，学会遇事争气而不生气，做一个有修养，会思考问题，同时情商也很高的人吧。

6. 察言观色，读懂他人隐藏的情绪

与他人相处，察言观色是我们必须要掌握的一项基本技能。生活中总有些人说话莽撞，不会看别人的情绪和脸色，结果得罪了别人还不知道。这就是不懂得察言观色惹出来的祸。

那么，什么叫察言观色？

所谓的察言观色，指的就是观察别人的说话或脸色，旨在通过判断他人面部表情、身体和声音中的感情信号，来准确选择合适的感情表达方式，与他人进行更好的交流。

比如你通过判断，感觉对方是一个性格内向的人。当你和他交谈的时候，就要更温和、更耐心；如果发现对方性格耿直，那你和他交谈时就可直言不讳，这样不仅不会引起对

方反感，反而还会引起对方的共鸣；而如果你通过交流，发现对方是个敏感多疑的人，那么与他交谈时你就得多注意自己的用词，避免发生不必要的误会。

要知道，一个人的话语往往能透露一个人的品格。同样的，他的表情、眼神能让我们窥探到对方的内心。这就是俗话说的"言为心声"。而且，一个人的穿着打扮、行为举止，这些在平时看来无关紧要的小细节，也会在不知不觉中"出卖"它们的主人。我们在与他人交往的过程中，就可以通过这些小细节来加以揣摩，从而选择合适的方式来进行交流。

春秋末期，晋国的智伯想讨伐卫国，就给卫国国君送去骏马四匹，璧玉一块。

卫国国君收到礼物后十分高兴。大臣们都跑来向他祝贺，只有大夫南文子一句话也没有说，反而一脸的忧愁。卫国国君注意到了他的情绪不对，于是问他："大国与我们交好，是一件好事，你怎么反而不高兴呢？"

南文子回答："无功而受赏，没为人出力而得到厚礼，天下怎么会有这样的好事？骏马四匹，璧玉一块，是小国向大国进献礼品的规格，而晋国这个大国却给我们送来这种规格的礼品，大王你可要小心提防呀！"

卫国国君听完南文子的话后觉得很有道理，就把南文子的话告诉了边境上的守将。后来，智伯果然起兵袭击卫国，等他到了卫国的边境时，发现他们早有准备，只好返回，并大为感叹地说："卫国一定有贤能的人，他能预先就猜到我的意图。"

这个故事中的南文子心思就很细腻，能通过一些外部现象揣摩出别人隐藏在背后的真实目的。而卫国国君也是个会察言观色的人，他看到南文子表情不对，便认真听取他的谈话，最终采纳他的意见，加强了对边境的防守，避免了一场败仗。

记得《大明奇才》中有一个小故事。

有一次，大才子解缙与朱元璋在某条河边钓鱼。钓了一整天，一条鱼也没钓着。朱元璋感到很生气，但又不好发作，于是便命令解缙作诗来排解心中的郁闷。

解缙看到皇上脸色不对，知道皇上心中的烦恼。略加思索，很快就作了一首诗："数尺纶丝落水中，金钩抛去永无踪。凡鱼不敢朝天子，万岁君王只钓龙。"朱元璋听到这首诗后，龙颜大悦，心里很是高兴，当即给予解缙丰厚的赏赐。

聪明的解缙之所以能让皇上高兴，最大的原因还是在于他善于察言观色，了解到朱元璋钓鱼一整天，却一无所获的失望心情，所以以一句"凡鱼不敢朝天子"委婉地解释了朱元璋钓不到鱼的原因，消除他的尴尬心情，之后再以一句"万岁君王只钓龙"，抬高朱元璋，让朱元璋"龙心大悦"。

由此可见，说话时懂得察言观色，掌握尺度，对我们来说是很重要的，而且是否懂得察言观色，也是判断一个人是否具有高情商的标准之一。

与别人交往时不懂得察言观色便贸贸然行事，就好像还没掌握好风向就开始胡乱掌舵，结局可想而知。耽误时间跑偏路是小事，弄不好一个小风浪就能让你翻了船。

因此察言观色也要懂得一定的技巧。很多人都相信并依赖自己的直觉，直觉的确敏感，可有时却容易受人蒙蔽，也容易被主观情绪操控而使我们无法作出客观的判断，所以，仅凭直觉有时会适得其反。

那么，要如何才能学会察言观色呢？

具体来说，察言观色要抓住三大要领：一是闻其声；二是辨其人；三则识其心。

如果你想学会察言观色，首先一点就要学会用心去聆听。任何一句话，只要你肯认真去听，都可以从中听出某些道理，并非毫无价值。

不过要注意的是，我们在听对方说话时，不能把注意力只放在对方说话时的态度和语气上，不能因为对方的语气、态度让自己感到不满，就停止聆听做出错误的决定。说话的速度、音调，还有节奏都不能忽略，它可以帮助我们揣摩对方的心理。说话的速度一般都能反映一个人的心情，比如，说话快的人语速突然慢下来，可能是因为他感到有些不满，而若是说话慢的人忽然加快语速，那么他可能是在说谎，或是心中怀有愧疚。

在注意聆听对方说话的同时我们还要学会关注对方说话时的面部表情，表情比言语本身更能表达内心的动态。尤其要注意观察对方的眼睛，因为眼睛是一个人心灵的窗户，它是最诚实也最敏锐的。

《孟子·离娄篇》就说过："存乎人者，莫良于眸子。眸子不能掩其恶。胸中正，则眸子瞭焉；胸中不正，则眸子眊焉。听其言也，观其眸子，人焉廋哉？"

翻译成白话文就是：观察一个人，再没有比观察他的眼睛更好的了。因为眼睛不能遮盖一个人的丑恶。一个人心中正直，眼睛就明亮；心中不正，眼睛就昏暗。只要听一个人说话的时候，注意观察他的眼睛，这个人的善恶通常就无处躲藏。

当然，学会察言观色并不是这么简单，对于那些喜怒不形于色、精明世故的人，我们就很难从他们的面部表情中看出其内心活动。这就要求我们平日多做沟通，促进相互间的了解，把对方的价值观和人生观摸清楚，然后再来评断。

除此之外，想要有察言观色的本领还要学会随机应变。要随时留意别人的言语、表情、手势、动作以及看似不经意的行为，然后再加以总结。通过这样长时间的练习，相信要不了多久你也能学会察言观色这一技能。

7. 磨炼自控力，成就内心强大的自己

　　金庸先生曾经借自己的著作《笑傲江湖》里男主人翁令狐冲的口吻说过这样一句话："有些事情本身我们无法控制，只好控制自己。"

　　著名的黄梅戏戏曲家，安徽黄梅戏五朵金花之一的袁玫，接受采访时，被询问面对这个花花世界，如何能做到不随波逐流，保持做人、做事、从艺的本色时，她告诉众人，因为面对外界的诱惑时，她懂得控制自己、坚持自我，守住了做人的底线。

　　事实上，在生活中，我们必须要学会控制自己，即不轻易动摇，不轻易放弃。

　　社会高速发展，人们接触的信息越来越多，许多人由于

不能控制自己，渐渐地迷失了自己，忘记了自己当初为何出发，以至于一生碌碌无为。

如果一个人随时都能控制自己，那么这个人无疑会是成功的。生活中，许多人内心脆弱，他们不能很好地控制住自己，经常会受到他人情绪或行为的影响，从而患得患失，一点小的磨难，就让他们一蹶不振。

很多人并不了解，真正内心强大的人是不会依赖于外部世界的，这类人不会让别人影响自己的悲喜，也不会把内心的平静交托给繁杂的世事，更不会让爱与哀愁左右自己。他们懂得保持身心的和谐与放松，用积极的心态面对当下多变复杂的生活。

面对着各种压力和诱惑，如果你没有一点勇气和毅力，自控力不强，就会感到无所适从，给自己带来许多麻烦。

当然，要想坚守自我，也并不是一件容易的事情。因为从本能来说，人是最经不起诱惑的动物，面对花花世界，每个人都会有动摇的时候。而现实中大量成功人士的事例告诉我们，大凡成功的人都能作出正确的选择，在各种诱惑面前都能坚定自己的信念，他们很好地控制住了自己，才获得了最后的成功。

一个人的控制力，对他的一生成败起着至关重要的作用，人与人之间之所以会有落差，很多时候就是自控力控制力左右的结果。

比如有的人从小就没有学会控制自己，学习不努力，结果从人生的起跑线上开始就落后了；有的人工作不认真，得过且过，碌碌无为，最后一事无成；有的人辛辛苦苦了大半辈子，经不住金钱和美色的诱惑，最后走进了监狱，落得了凄惨的结局。

控制住自己，从某方面来说，应该是"富贵不能淫，贫贱不能移，威武不能屈"，说得通俗一些，就是一个人在富贵时能使自己节制而不挥霍，在贫贱时不要改变自己的意志，在威武时不能做理亏的事。这就要求我们在平时的生活中锤炼自己的内心，保持内心的强大。

但是，生活中的烦恼无处不在，要如何才能控制住自己呢？我们可以采取以下的方法。

1.明白自己真正喜欢什么。

用你的工作来举例，如果现在的工作正是自己所喜欢的，那么哪怕目前的工资待遇并不能让你满意，也请你不要轻易放弃，继续坚持下去，因为只有自己真正喜欢的，才能让你付出百分之百的努力与热情，而这一切，都是成功的前提。

2.对自己有清晰的认识。

明白自己擅长什么，不擅长什么，在心里对自己有规划，从而知道什么事能做，什么事不能做。

3.坚定自己的内心。

不管走得有多远，都时刻提醒自己，当初为什么出发，既然目的还没达到，那么就不能在中途就停止努力，被不相干的事情所困扰。

大千世界，每个人所走的路不会是同一条，路要靠我们自己走，无论成功还是失败，都要我们勇敢去闯。

在这条通往成功的路上，注定荆棘密布，但能控制自己，保持良好的心态，勇敢出发，你才能所向披靡，获得最后的成功。这其中，你的情商高低就决定了你能走多远，获得多大的成就。

因此，如果你想有大的成就，你就得随时告诫自己，修好自己的这颗心，不管外界环境如何变化，都控制好自己，做一个能识别他人情绪，能管好自己情绪的情商高手，被更多的人喜欢，拥有美好的人生。